The New
Principia

The New
Principia

- Hele theory -

Kenny 신 석 우

좋은땅

프롤로그

어린 시절 밤하늘을 올려다보며 품었던 그 질문들을 기억하는가? 저 많은 별들은 왜 떨어지지 않을까? 시간은 정말 앞으로만 흘러가는 걸까? 우주 끝에는 무엇이 있을까? 물리학은 바로 그런 순수한 호기심에서 시작된다. 우리 모두가 한 번쯤 품어 봤을 그 소박하면서도 근본적인 질문들 말이다.

20세기를 거치며 물리학은 정말 놀라운 성과를 이뤘다. 아인슈타인의 상대성이론은 시공간에 대한 우리의 상식을 뒤흔들었고, 양자역학은 미시세계의 신비로운 법칙들을 밝혀냈다. 전자기학은 현대 문명의 토대가 되었고, 열역학은 에너지의 본질을 이해하게 해 주었다.

하지만 솔직히 말하면, 지금의 물리학은 조금 이상한 상황에 처해 있다. 각각의 이론들은 자기 영역에서는 완벽하게 작동하지만, 서로 연결되지 않는다. 마치 하나의 집을 여러 개의 서로 다른 설계도로 설명하려는 것 같다. 양자역학과 상대성이론은 여전히 하나로 통합되지 못하고 있고, 암흑물질과 암흑에너지라는 정체불명의 존재들이 우주의 95%를 차지한다고 한다.

더 이상한 것은 우리가 가장 기본적인 질문들에 대해서도 명쾌한 답을 내놓지 못한다는 점이다. 중력이 정확히 무엇인지, 시간은 왜 뒤로 가지 않는지, 의식은 어떻게 물질에서 나오는지… 이런 질문들 앞에서 현대 물리학은 여전히 머뭇거리고 있다.

그래서 이 책, 『The New Principia』를 쓰게 되었다. 제목에서 눈치챘겠지만, 뉴턴의 그 유명한 『프린키피아』를 염두에 두고 있다. 뉴턴이 위대했던 이유는 복잡해 보이는 자연 현상들을 몇 개의 간단한 법칙으로 설명해 냈기 때문이다. 사과가 떨어지는 것과 달이 지구 주위를 도는 것이 같은 원리라는 걸 보여 준 그 통찰력 말이다.

이 책은 그런 통합된 시각을 다시 찾아보려는 시도이다. 물리학이 너무 세분화되고 전문화되면서 잃어버린 것들—직관, 통찰, 그리고 자연을 바라보는 통합적 시각—을 되찾으려는 것이다.

이 책의 핵심에는 '해례이론'이라는 새로운 접근법이 있다. 하지만 이것은 단순히 새로운 이론을 하나 더 추가하려는 게 아니다. 오히려 물리학이 어디서 길을 잃었는지 되돌아보고, 다시 본질적인 질문들을 던져 보자는 제안이다.

현재 물리학의 가장 큰 문제는 수학적 형식주의에 지나치게 의존하게 되었다는 점이다. 물론 수학은 정밀한 예측을 가능하게 해 주지만, 때로는 수식의 숲에서 길을 잃고 자연이 정말로 우리에게 말하고자 하는 것이 무엇인지 놓치게 된다.

이 책을 통해 나는 물리학이 다시 사람들의 일상 속으로 들어올 수 있기를 바란다. 어려운 수학 없이도, 복잡한 공식 없이도 우주의 아름다운 질서를 느낄 수 있다면 어떨까? 물리학이 다시 철학이 되고, 과학이 다시 삶의 지혜가 될 수 있다면 말이다.

이 책을 읽는 독자들에게 부탁이 있다. 잠시 '이미 알고 있는 것들'을 내려놓고, 마치 처음 세상을 보는 아이의 눈으로 주변을 둘러보길 바란다. 그리고 함께 질문해 보자. 우리는 정말로 이 우주를 이해하고 있는 걸까?

『The New Principia』는 그 질문에서 시작하는 여행이다. 이 책이 물리학을 사랑하는 모든 이들에게 새로운 영감을 주고, 잊고 있던 그 순수한 호기심을 다시 불러일으키는 계기가 되었으면 한다.

해례이론(Hele Theory)을 펴내며

"사람마다 그 소리를 내고자 하되, 그 바른 글자를 알지 못하니…"

세종대왕이 훈민정음을 만들 때 한 이 말씀이 지금도 내 마음을 울린다. 백성들이 자신의 생각을 제대로 표현하지 못하는 현실을 보며, 임금님은 결국 놀라운 해결책을 내놓았다.

사람의 발음기관의 모양을 본떠 5개의 기본 자음을 만들고 하늘(·), 땅(ㅡ), 사람(ㅣ)이라는 세 가지 기본 모양에서 출발해서, 모든 소리를 표현할 수 있는 완전한 문자 체계를 만들어 낸 것이다.

그런데 여기서 정말 중요한 것은 단순히 새로운 글자를 만든 게 아니라는 점이다. 세종대왕은 소리의 본질을 꿰뚫어보고, 그 원리를 누구나 이해할 수 있는 체계로 정리했다. 복잡한 한자를 외우는 것이 아니라, 원리를 깨우치면 누구나 글을 읽고 쓸 수 있게 만든 것이다.

바로 이 점에서 나는 깊은 영감을 받았다. 그리고 이것이 '해례이론'이라는 이름을 택한 이유이기도 하다.

현재 물리학의 상황을 보면, 세종대왕 이전의 문자 생활과 비슷한 면이 있다. 각 분야의 전문가들은 자신만의 '한자'를 가지고 있지만, 그것들이 서로 어떻게 연결되는지, 그 근본 원리가 무엇인지는 명확하지 않다. 양자역학자는 양자역학의 언어로, 상대론 전문가는 상대론의 언어로 각각 자연을 설명하지만, 둘 사이에는 여전히 깊은 골이 있다.

해례이론은 이런 상황에서 물리학의 '훈민정음'이 되고자 한다. 복잡한 방정식들을 더 간단하게 만들려는 것이 아니라, 그 방정식들이 표현하고자 하는 자연의 본질을 더 명확하게 드러내려는 것이다.

그 핵심에는 '회전'이라는 개념이 있다. 회전은 단순히 무언가가 빙빙 도는 것이 아니다. 그것은 에너지가 어떻게 집중되고 분산되는지, 공간이 어떤 구조를 가지게 되는지, 시간이 어떻게 흘러가는지를 결정하는 근본 원리다.

생각해보면 우리 주변은 온통 회전으로 가득하다. 지구가 태양 주위를 돌며, 태양계가 은하 중심을 돈다. 우리 몸속의 DNA는 나선형으로 꼬여 있고, 심장은 나선형으로 뛴다. 물이 배수구로 빠질 때도 소용돌이를 만들고, 태풍도 거대한 회전체다.

하지만 현재 물리학에서는 이런 회전들이 각각 따로 다뤄진다. 원자의 회전은 양자역학으로, 행성의 회전은 중력이론으로, 은하의 회전은 천체물리학으로… 마치 같은 현상을 서로 다른 언어로 설명하는 것 같다.

해례이론은 이 모든 회전이 사실 하나의 원리에서 나온다고 본다. 회전이야말로 자연이 질서를 만드는 가장 기본적인 방법이라는 것이다. 에너지가 한 점에 집중되면 회전이 시작되고, 그 회전이 공간을 구조화하며, 그 구조가 다시 새로운 현상들을 만들어 낸다.

이것은 단순한 가설이 아니다. 수학적으로도, 기하학적으로도 검증 가능한 구체적인 이론이다. 다만 기존의 복잡한 수식들 대신, 우리가 직관적으로 이해할 수 있는 기하학적 원리를 사용할 뿐이다.

나는 이 책을 통해 물리학이 다시 '자연철학'이 되기를 바란다. 수식을 암기하는 학문이 아니라, 자연의 본질을 사유하는 학문으로 말이다. 복잡한 계산 없이도 우주의 아름다운 질서를 느낄 수 있고, 어려운 개념 없이도 존재의 신비를 탐구할 수 있는 그런 물리학 말이다.

해례이론은 완성된 이론이 아니다. 오히려 시작이다. 자연을 바라보는 새로운 눈을 제공하고, 질문하는 새로운 방법을 제안하는 것이다. 훈민정음이 모든 소리를 표현할 수 있는 무한한 가능성을 열어 주었듯이, 해례이론도 자연 현상을 이해하는 새로운 가능성을 열어 주고 싶다.

이제 함께 그 가능성을 탐험해 보자. 회전하는 우주 속에서 우리는 어떤 새로운 진리를 발견할 수 있을까?

Hele라는 명칭에 대한 해설

본 이론의 본래 이름은 '해례(解例)'이다. 이는 사물의 근본을 풀어내고 새로운 해석의 길을 연다는 의미를 지닌다. 그러나 국제적 통용을 위하여 본서는 'Hele'라는 표기를 병기하였다.

Hele는 단순한 음역을 넘어, 회전(Helix)과 빛(Helios), 치유(Heal), 그리고 전체(Whole)를 아우르는 상징적 의미를 담는다. 이는 곧 해례이론이 지향하는 바, 즉 기존 물리학의 불완전함을 치유하고, 빛과 회전의 원리로 우주를 재해석하며, 부분적 설명을 넘어 '전체'로 통합하는 이론적 이상을 표현한다.

따라서 'Haerae(Hele) Theory'라는 표기는 뿌리와 보편성을 함께 담아, 후세에도 명확히 그 정체성을 남기고자 함이다.

의미적 연관성 탐색

Hele는 영어에서 직접적인 과학적 의미를 가진 단어는 아니지만, 몇 가지 연상 작용을 통해 상징성을 부여할 수 있다.

Heal(치유하다)와의 유사성 → 기존 물리학의 불완전한 틈을 메우고 조화롭게 통합한다는 상징.

Helix(나선 구조)와의 연관성 → 회전·방 구조라는 해례이론의 핵심을 암시.

Helios(태양, 빛)와의 어원적 유사성 → 빛, 광속 불변 문제와의 연결고리.

해례이론의 핵심 개념 중 "중앙 회전에 의한 공간 구조와 전자의 출현"은 헬릭스(Helix)나 회전적 패턴과 자연스럽게 맞닿아 있다.

또한 기존 이론의 **분열된 틀을 치유(Heal)하고 통합**한다는 메시지를 강조한다.

목차

제1부

생각의 혁명
– 당연함에 던지는 의문

1장. 없다는 것과 비었다는 것

물리학은 존재하는 것들을 다루는 학문이다. 그러나 우리는 물리학을 통해 존재의 본질을 묻기 전에, 더 근본적인 질문을 던져야 한다. 존재의 반대편에 있는 '없음'이란 무엇인가? '비어 있음'이란 무엇인가? 그리고 이 두 개념은 같은 것인가, 다른 것인가?

우선 본론에 들어가기 전에 '없음'과 '비어 있음'이라는 개념의 구분부터 명확히 해야 한다. 이는 단순한 철학적 고찰을 위한 것이 아니라, 우리가 다루게 될 물리학적 개념들이 혼동되지 않도록 하기 위한 정리다.

우리가 흔히 '존재'를 논할 때, 그 반대편에는 '없음'이라는 개념이 자연스럽게 함께 놓인다. 그러나 이 '없음'이라는 표현이 곧 '텅 빈 공간'을 의미한다고 받아들이는 데에는 조심스러운 구분이 필요하다. 해례이론의 관점에서 볼 때, '없음'(nonexistence)과 '비어 있음'(emptiness)은 동일하지 않다.

일상 경험과 수학적 개념으로 본 '없음'

'없음'이란, 개념 자체의 부재이며 어떠한 작용이나 가능성도 지니지 않는 순수한 무(無)를 뜻한다. 이는 마치 도식 위에 그려지지 않은 점처럼, 물리적이거나 개념적인 방식으로 어떤 것도 투영되지 않은 상태이다. '없음'은 상호작용할 수 있는 여지조차 없으며, 어떤 측정이나 관찰의 대상이 될 수도 없다. 그것은 단지 존재하지 않을 뿐이다.

반면, '비어 있음'이란, 감각적으로는 아무것도 느껴지지 않지만 실제로는 일정한 가능성과 잠재성이 잠복된 상태를 말한다. 진공이라 불리는 공간도 완전히 '없는' 것이 아니라 '비어 있는' 것이다. 현대 물리학의 양자장이론이 설명하듯, 진공은 에너지로 가득 차 있으며, 끊임없이 가상 입자들이 생성되고 소멸되는 활발한 장(場)이다.

이 구분은 표면적으로는 사소해 보일 수 있으나, 물리 현상을 이해하는 데 있어 근본적인 관점의 차이를 만든다. 우리가 보는 물질, 에너지, 공간, 시간 – 이 모든 것들은 '없음'에서 나타난 것이 아니라, '비어 있음'이 특정한 방식으로 구조화된 결과이다.

현대 물리학의 진공 개념과 해례이론의 확장

이 개념적 차이를 직관적으로 이해하기 위해, 우리의 일상 경험에서 유사한 예를 찾아볼 수 있다. 텅 빈 상자를 생각해 보자. 그 상자 안에는 물건이 없을지 모르지만, 공기 분자들로 가득 차 있다. 그 상자는 '비어 있는' 것이지, '없는' 것이 아니다. 더 나아가 그 상자 안의 공기를 모두 빼내어 진공 상태로 만들어도, 양자역학적 관점에서는 여전히 에너지 요동으로 가득 찬 상태다.

반면, 위의 예에서 상자 자체가 존재하지 않는다면, 그것은 '없는'

것이다. 상자가 없다는 것은 그 자리에 상자의 부재가 있다는 뜻이 아니라, 상자라는 개념 자체가 그 맥락에서 적용되지 않는다는 뜻이다.

수학적으로는 '0'과 '∅'(공집합)의 차이로 이해할 수도 있다. 0은 숫자의 존재이지만 값이 없음을 나타내는 반면, 공집합은 원소의 부재, 즉 집합 자체가 비어 있음을 나타낸다.

현대 물리학에서 말하는 진공은 단순한 공허가 아니다. 그것은 양자장이 바닥 상태로 존재하며, 끊임없이 요동하는 에너지의 장이기도 하다. 이른바 '양자 요동(quantum fluctuation)'은 비어 있는 공간이라 불리는 진공 안에서도 일시적으로 입자와 반입자가 생성되었다가 소멸하는 현상을 설명한다. 해례이론은 이 개념을 확장하여, 비어 있다는 것조차도 하나의 '존재 상태'로 보아야 한다고 주장한다.

존재의 조건과 장(場)의 작동성

하이젠베르크의 불확정성 원리에 따르면, 에너지와 시간의 곱은 일정한 상수($\hbar/2$) 이상이어야 하므로, 매우 짧은 시간 동안에는 에너지 보존 법칙을 "위반"하는 것처럼 보이는 현상이 발생할 수 있다. 이로 인해 진공 상태에서도 가상 입자쌍이 잠시 생겼다가 사라지는 것이 가능하다.

그러나 해례이론의 관점에서 이것은 불확정성이 아니라, 진공이란 본래 무(無)가 아닌 잠재적 에너지 상태라는 것을 보여 주는 증거다. 진공은 그 자체로 구조를 가지며, 이 구조는 특정 조건하에서 물질로 발현될 수 있는 가능성을 내포한다.

진공은 더 이상 '무'가 아니다. 그것은 파동의 통로이며, 모든 물질과 에너지 상호작용의 매질이다. 우리가 '비어 있다'고 부르는 공간은, 사실상 각 물체가 발산하는 파동들이 중첩되고 간섭을 일으키는 장의 집합이다.

예를 들어, 별빛은 멀리 떨어진 별에서 우리 눈에 닿기까지 수십억 년의 공간을 건너오지만, 그 빛이 도달하는 경로는 완전히 '비어 있는' 것이 아니다. 그 안에는 수많은 다른 천체들의 중력장, 자기장, 그리고 그들로부터 방출된 미약한 파동들이 미세하게 간섭하고 있으며, 이것이 곧 진공의 실질적인 성질을 이룬다.

파동과 존재의 관계 — 비어 있음은 가능성이다

진공의 이러한 실재성은 우주의 팽창과 같은 거시적 현상에도 영향을 미친다. 현대 우주론에서 말하는 다크 에너지는 진공 자체의 에너지 밀도와 관련이 있을 가능성이 높다. 이는 진공이 단순한 '없음'이 아니라, 우주 구조에 실질적인 영향을 미치는 물리적 실체임을 시사한다.

이러한 관점에서 보면, '존재'란 단지 감각적 혹은 계측 가능한 입자의 유무를 넘어선다. 존재는 파동의 흔적이고, 에너지의 이동이며, 장 속의 패턴이기도 하다. 다시 말해, 우리는 어떤 구체적인 형상이 드러나야만 그것을 존재로 간주하지만, 해례이론은 그 이전의 가능성의 상태, 즉 '비어 있음'을 존재의 근원적 층위로 본다.

불교의 공(空) 개념과도 일부 유사하게, 해례이론에서 '비어 있음'은 부정적인 의미의 결핍이 아니라, 모든 가능성을 포용하는 풍요로운 상태로 이해된다. 이는 마치 아직 그림이 그려지지 않은 백지가 어떤 그림이든 담아낼 수 있는 가능성을 지니고 있는 것과 같다.

이러한 '없음'과 '비어 있음'의 구분은 물리학적 개념의 이해를 넘어, 우주의 기원과 진화, 그리고 존재의 본질을 이해하는 데 근본적인 시각을 제공한다. 해례이론은 이 구분에서 출발하여, 물리적 세계의 모든 현상이 '비어 있음'의 다양한 구조화 방식이라는 관점으로 확장된다.

관측, 실재, 인식 — 해례이론이 보는 양자 측정 문제

존재와 비존재의 구분은 결국 관측자의 인식과 도구에 따라 정의될 수밖에 없다. 그러나 해례이론은 존재의 본질이 관측의 유무와 무관하게 장(場) 속에서 이미 어떤 방식으로 '작동하고 있는' 상태라고 본다. 물체가 관측되지 않더라도, 그것이 방출하는 파동, 그것이 만들어내는 장, 그것이 주변 공간에 미치는 영향은 실재한다.

이러한 관점은 양자역학의 측정 문제와도 밀접하게 연결된다. 양자역학에서는 관측 행위가 파동함수의 붕괴를 일으키며, 이로 인해 특정 상태가 '실재화'된다고 본다. 그러나 해례이론은 관측 전에도 특정한 구조가 이미 실재하며, 관측은 단지 그 일부를 드러내는 행위일 뿐이라고 본다.

'존재란 무엇인가'라는 물음은 단순한 형이상학적 사유의 출발점이 아니다. 그것은 우리가 물리학이라는 이름 아래 다루는 모든 이론과 실험이 기초하는 전제이자, 우리가 우주를 이해하는 방식의 방향타이다. 해례이론은 그 물음을 과감히 첫머리에 배치함으로써, 우리가 잊고 있던 가장 근본적인 질문을 다시 마주하게 만든다.

존재의 재정의와 해례이론의 출발점

'없음'과 '비어 있음'의 구분은 단순한 철학적 유희가 아니라, 물리학의 모든 영역을 재해석할 수 있는 근본적 시각을 제공한다. 이 관점을 통해, 우리는 파동, 입자, 장, 중력, 시공간 등의 개념을 새롭게 이해할 수 있다.

향후 챕터에서 우리는 이 근본 개념을 기반으로, 빛의 본질, 파동의 본질, 원자의 구조, 중력의 기원 등을 해례이론의 시각에서 재조명할 것이다. 이 과정에서 우리는 현대 물리학이 밝혀낸 실험적 사실들을 부정하는 것이 아니라, 그 사실들의 근저에 있는 더 근본적인 원리를 밝히고자 한다.

해례이론이 제시하는 '회전과 응집'이라는 기본 원리, 그리고 '없음'과 '비어 있음'의 구분은 이 탐구의 출발점이 된다. 이 출발점으로부터, 물리 세계의 다양한 현상들이 하나의 통합된 관점 아래 설명될 수 있다는 것이 해례이론의 핵심 주장이다.

지금 당신이 보고 있는 이 페이지는 21페이지에서 곧바로 건너뛴다. 방금 전에 22, 23, 24, 25페이지가 있었어야 하지만, 우리는 그 부재를 알아차리지 못한 채 여기까지 왔다. 사라진 네 장에는 종이도, 잉크도, 흔적도 없다. 이것이 '없음'이다. 존재했을지도 모를 수많은 생각과 문장은 애초에 기록되지 않았기에, 의미조차 남기지 않는다. 부재 자체가 곧 상태이며, 우리는 그 빈틈을 의식하지 못하고 지나쳤다.

없음은 설명이 아니라 전제다. 아무것도 없다는 사실만 존재하며, 그 안을 탐험할 실마리조차 없다. 존재를 논하기 전에 우리는 이 전제를 먼저 받아들인다. 이제 페이지를 넘기면, 당신은 또 다른 종류의 공백을 마주하게 될 것이다. 거기에는 전혀 다른 가능성이 숨어 있다.

몇 장의 텅 빈 종이를 지나 이 문장 앞에 도달했다. 방금 전의 백지는 무언가를 담을 수 있는 공간이었으나 의도적으로 비워 두었다. 이것이 '비어 있음'이다. 내용은 아직 적히지 않았으나, 언제든 의미를 수용할 준비가 되어 있는 가능성의 장(場)이다. 없음이 완전한 부재라면, 비어 있음은 잠재성을 머금은 침묵이다. 우리는 방금, 이 두 세계를 직접 체험했다.

2장. 아는 것과 모르는 것

과학적 질문의 새로운 시작

물리학은 자연 세계를 이해하고 설명하는 가장 성공적인 체계 중 하나다. 뉴턴의 운동 법칙부터 아인슈타인의 상대성 이론, 양자역학의 통계적 예측에 이르기까지, 물리학은 자연 현상의 관측과 측정, 그리고 그것을 기술하는 수학적 모델의 발전을 통해 눈부신 성과를 이루어 왔다. 그러나 이러한 성공 속에서도, 우리는 물리학적 설명이 갖는 본질적 한계에 대해 질문을 던져야 한다.

설명과 기술의 차이

현대 물리학의 대부분은 자연 현상을 '기술(description)'하는 데 탁월하지만, 그 근원을 '설명(explanation)'하는 데는 종종 미흡하다. 이 둘의 차이는 미묘하면서도 근본적이다.

수학적 기술은 '어떻게(how)' 현상이 일어나는지를 정확히 예측할 수 있다. 예를 들어, 뉴턴의 중력 법칙($F = G \cdot m_1 m_2 / r^2$)은 천체의 운동을 놀라울 정도로 정확하게 예측한다. 그러나 이 법칙이 '왜(why)' 물체들이 서로 끌어당기는지, 중력의 본질이 무엇인지를 설명하지는 않는다. 뉴턴 스스로도 이 점을 인정했다.

현대 물리학에서 이러한 '설명의 부재'는 더욱 두드러진다. 양자역학은 현상의 통계적 결과를 완벽에 가깝게 예측하지만, 그 현상의 근본적인 이유나 메커니즘에 대해서는 침묵한다. 예를 들어, 슈뢰딩거 방정식은 전자의 확률 분포를 계산할 수 있지만, 왜 전자가 그러한 분포를 가져야 하는지, 그 분포가 어떤 물리적 실재를 반영하는지에 대해서는 설명하지 않는다.

관찰의 패러독스

물리학의 또 다른 한계는 관찰자와 관찰 대상의 불가분성에 있다. 하이젠베르크의 불확정성 원리가 보여 주듯, 미시 세계에서는 관찰 행위 자체가 관찰 대상에 불가피한 영향을 미친다. 이는 단순히 기술적 한계가 아니라, 물리 세계의 근본적 특성이다.

더 나아가, 이는 물리학의 철학적 기반에 대한 근본적인 질문을 제기한다. 관찰되지 않은 세계는 '실재'하는가? 관찰 행위가 실재를 '창조'하는가, 아니면 단지 '드러내는' 것인가? 이러한 질문들은 순수한 물리학의 영역을 넘어서는 것처럼 보인다.

양자역학의 여러 해석들-코펜하겐 해석, 다중 세계 해석, 파일럿 파동 이론 등-은 모두 동일한 수학적 결과를 제공하면서도, 그 근저에 있는 실재에 대해서는 완전히 다른 그림을 제시한다. 이는 설명이라는 측면에서 물리학의 근본적 한계를 드러낸다.

분리와 통합 사이의 긴장

현대 물리학의 또 다른 특징은 이론의 분절화다. 아인슈타인의 일반 상대성 이론은 중력과 시공간의 거시적 세계를 설명하는 반면, 양자 장이론은 미시 세계의 기본 입자와 힘을 다룬다. 그러나 이 두 이론은 근본적으로 양립하지 않는 수학적 기초와 개념적 틀을 가지고 있다.

이 두 이론을 통합하려는 시도들—초끈이론, 루프 양자중력 등—은 아직 결정적인 성공을 거두지 못했다. 더 근본적인 문제는, 이러한 통합 이론들이 종종 직관적 이해를 더욱 어렵게 만든다는 점이다. 예를 들어, 초끈이론은 10차원 이상의 공간을 요구하며, 이는 인간의 직관적 이해 범위를 벗어난다.

이는 물리학에서 수학적 일관성과 직관적 이해 사이의 근본적인 긴장을 드러낸다. 수식은 점점 더 정교해지지만, 그 의미는 더욱 모호해지는 역설적 상황이 발생한다.

표준 모형의 성과와 한계

현대 입자물리학의 표준 모형은 17개의 기본 입자와 4개의 근본적인 힘으로 우주의 모든 물질과 상호작용을 설명하려 한다. 이 모델은 실험적으로 검증된 놀라운 성과를 보여 주었으며, 2012년 힉스 보손의 발견으로 그 예측력이 다시 한번 입증됐다.

그러나 표준 모형에는 여전히 수많은 미해결 질문들이 남아 있다.

왜 기본 입자의 수가 정확히 17개인가? 이 숫자가 너무 자의적으로 느껴진다.

왜 입자들의 질량이 그렇게 다양한가? 전자와 톱 쿼크 사이에는 수천 배 이상의 질량 차이가 있다.

왜 쿼크는 분수 전하를 가지는가? 자연에서 독립적으로 관측되는 모든 입자는 정수 전하를 갖는데, 쿼크만 $2/3e$나 $-1/3e$와 같은 분수 전하를 갖는다고 가정한다.

왜 기본 입자들이 3세대로 나뉘는가? 첫 번째 세대만으로도 안정적인 물질 세계를 구성할 수 있는데, 나머지 두 세대는 왜 존재하는가?

더 나아가, 표준 모형은 우주의 구성 요소 중 약 5%만을 설명할 수 있다. 나머지 95%는 암흑 물질과 암흑 에너지로 이루어져 있다고 추정되지만, 그 본질에 대해서는 여전히 미지의 영역으로 남아 있다.

현대 물리학이 놓치고 있는 것들을 좀 더 구체적으로 살펴보자.

힘의 기원

물리학은 네 가지 기본 힘(중력, 전자기력, 강력, 약력)을 식별하고 각각의 작용을 수학적으로 정확히 기술한다. 그러나 이 힘들이 '왜' 존재하는지, 그리고 '어떻게' 작용하는지에 대한 근본적인 메커니즘은 여전히 설명하지 못한다.

전자기력의 경우, 우리는 전하를 띤 입자들 사이에 작용하는 힘을 설명하기 위해 '가상 광자'의 교환이라는 개념을 도입한다. 그러나 왜 전하가 존재하는지, 어떻게 가상 입자가 실제 힘을 전달할 수 있는지에 대한 근본적 설명은 없다.

입자의 성질

기본 입자들의 성질-질량, 전하, 스핀 등-은 측정을 통해 정확하게 알려져 있지만, 이 값들이 '왜' 그런지는 설명되지 않는다. 예를 들어:

전자의 질량은 왜 정확히 9.11×10^{-31} kg인가?

전자의 전하량은 왜 정확히 -1.602×10^{-19} C인가?

전자의 스핀은 왜 항상 1/2인가?

이러한 값들은 자연 상수로 받아들여지지만, 그 기원에 대한 설명은 없다.

양자 현상의 본질

양자역학은 미시 세계의 행동을 통계적으로 예측하지만, 그 현상의 본질에 대해서는 여전히 논쟁이 지속되고 있다.

파동함수는 물리적 실재인가, 아니면 단순한 수학적 도구인가?

중첩 상태의 물리적 의미는 무엇인가?

양자 얽힘 현상은 어떻게 발생하며, 정보가 어떤 방식으로 즉각 전달되는가?

관측에 의한 파동함수 붕괴는 실제 물리적 과정인가, 아니면 단순한 인식론적 변화인가?

이러한 질문들에 대해 다양한 해석이 존재하지만, 어떤 해석이 '옳은지'를 결정할 수 있는 실험적 방법은 아직 없다.

물질과 의식의 연결

물리학은 뇌의 물질적 구성과 작용을 설명할 수 있지만, 어떻게 이 물질적 과정이 주관적 의식 경험으로 이어지는지는 설명하지 못한다. 이는 단순히 물리학의 영역을 벗어난 문제가 아니라, 물리학의 설명 체계가 갖는 근본적 한계를 시사한다.

이 '설명적 간극'은 데이비드 찰머스가 '의식의 어려운 문제'라고 부른 것의 한 측면이다. 물리학이 모든 것을 설명할 수 있다면, 왜 주관적 경험이 존재하는지도 설명할 수 있어야 하지 않을까?

역사적 관점: 설명 패러다임의 변화

물리학의 역사를 살펴보면, 설명의 패러다임이 여러 번 변화했음을 알 수 있다. 아리스토텔레스는 물체의 '본성'에 따른 목적론적 설명을 제시했다. 뉴턴은 수학적 법칙과 '작용력'에 기반한 설명을 도입했다. 패러데이와 맥스웰은 '장(field)'이라는 개념을 통해 힘의 전달을 설명했다. 아인슈타인은 시공간의 기하학적 구조를 통해 중력을 재해석했다.

각각의 새로운 설명 패러다임은 기존 패러다임의 한계를 넘어서는 새로운 통찰을 제공했다. 그러나 모든 패러다임은 결국 자신만의 한계에 직면했다.

현대 물리학의 설명 패러다임 또한 그 한계점에 도달했을 가능성이 있다. 수학적 형식주의와 통계적 해석에 기반한 현재의 접근법은 놀라운 예측력을 보여주지만, 근본적인 '왜'에 대한 질문에는 답하지 못한다.

해례이론의 접근: 새로운 물리학적 설명을 향하여

해례이론은 물리학적 설명의 한계를 넘어서기 위한 새로운 접근법을 제시한다. 이 접근법의 핵심은 다음과 같다:

수학적 기술을 넘어선 물리적 메커니즘의 추구: 현상을 단순히 수학적으로 기술하는 것이 아니라, 그 근저에 있는 물리적 메커니즘을 이해하고자 한다.

직관과 논리의 복권: 물리학이 인간의 직관적 이해로부터 너무 멀어졌다는 인식하에, 직관적으로 이해 가능한 물리적 모델을 재구축하고자 한다.

통합적 원리의 추구: 모든 물리 현상을 몇 가지 기본 원리로부터 일관되게 설명할 수 있는 통합적 체계를 구축하고자 한다.

다음 장들에서 우리는 해례이론이 제시하는 새로운 설명 체계를 단계적으로 살펴볼 것이다. 이 체계는 현대 물리학의 성과를 부정하는 것이 아니라, 그 성과들을 보다 근본적인 차원에서 재해석하고 통합하는 것을 목표로 한다.

주목할 점은, 해례이론이 단순한 철학적 사변이 아니라 구체적인 물리적 메커니즘과 검증 가능한 예측을 제시한다는 것이다. 이 이론이 성공한다면, 우리는 물리 세계에 대한 이해를 한 단계 더 발전시킬 수 있을 것이다.

물리학의 한계를 인식하는 것은 비관주의의 표현이 아니라, 더 깊은 이해를 향한 첫걸음이다. 리처드 파인만이 말했듯이, "무지를 인정하는 것이 지식으로 가는 첫 단계다."

현대 물리학은 놀라운 성과를 이루었지만, 여전히 많은 근본적 질문들에 답하지 못하고 있다. 이러한 한계를 직시하고, 새로운 설명 체계를 모색하는 것은 과학의 발전을 위한 필수적인 과정이다.

해례이론은 바로 이런 맥락에서, 물리학적 설명의 한계를 넘어서는 새로운 시도로서 의미를 갖는다.

3장. 직관의 복권과 물리적 이해

직관: 물리학의 근원적 원동력

물리학의 역사는 인간의 직관과 수학적 형식화 사이의 끊임없는 춤과도 같다. 때로는 함께 움직이고, 때로는 서로 충돌하면서, 이 두 요소는 물리학의 발전을 이끌어 왔다. 갈릴레오는 "우주는 수학의 언어로 쓰여 있다"고 말했지만, 그 수학적 언어를 해석하고 이해하는 것은 결국 인간의 직관에 달려 있다. 이 장에서는 물리학의 두 기둥인 직관과 수학의 관계를 살펴보고, 현대 물리학에서 이 둘 사이의 균형이 어떻게 흔들리고 있는지 고찰해 보고자 한다.

역사적으로 볼 때, 모든 위대한 물리학적 발견의 시작점은 직관적 통찰이었다. 뉴턴이 사과가 떨어지는 것을 보고 중력의 보편성을 깨달았다는 일화는 비록 과장되었을지 모르지만, 직관이 물리학 발전에 미치는 영향을 상징적으로 보여 준다.

아인슈타인은 특히 직관의 중요성을 강조했다. 그는 특수상대성 이론을 발견하기 전, 빛의 속도로 움직이는 빛을 따라가면 어떻게 보일지 상상하는 사고실험을 했다고 한다. 이렇게 시작된 직관적 통찰이 결국 혁명적인 이론으로 발전했다. 아인슈타인은 이런 직관적 사고의 중요성에 관해 이렇게 말했다. "상상력은 지식보다 중요하다. 지식은 제한적이지만, 상상력은 세계를 아우른다."

직관은 다음과 같은 역할을 통해 물리학의 발전에 기여해 왔다.

새로운 질문의 제기: 직관은 기존 이론의 틀 밖에서 새로운 질문을 던질 수 있게 한다. "만약 이렇다면 어떨까?"라는 창의적 질문은 종종 직관에서 비롯된다.

단순화의 원리: 직관은 복잡한 현상 속에서 본질적인 요소를 식별하는 데 도움을 준다. 오컴의 면도날 원리("필요 이상으로 가정을 늘리지 말라")는 본질적으로 직관적 원리다.

통합적 이해: 직관은 서로 다른 현상들 사이의 연결성을 발견하는 데 탁월하다. 전기와 자기가 사실은 동일한 현상의 다른 측면이라는 맥스웰의 통찰은 직관적 연결에서 비롯되었다.

수학: 물리학의 언어와 도구

수학은 물리학의 언어이자 도구로서, 다음과 같은 역할을 수행해 왔다:

정밀한 기술: 수학은 물리 현상을 정확하게 기술할 수 있는 언어를 제공한다. 뉴턴의 운동방정식($F = ma$)은 수천 년 동안 철학자들이 말로 설명하려 했던 것을 간결하고 정확하게 표현했다.

예측력: 수학적 모델은 아직 관측되지 않은 현상을 예측할 수 있게 한다. 맥스웰의 방정식은 전자기파의 존재를 예측했고, 이는 후에 헤르츠에 의해 실험적으로 확인되었다.

논리적 엄밀성: 수학은 물리 이론에 논리적 일관성과 엄밀성을 부

여한다. 아인슈타인의 일반상대성 이론은 리만 기하학이라는 수학적 도구가 없었다면 완성되지 못했을 것이다.

고전 물리학 시대의 균형

17세기부터 19세기까지의 고전 물리학 시대는 직관과 수학 사이의 상대적 균형이 유지되었던 시기였다. 뉴턴 역학과 맥스웰의 전자기학은 수학적으로 정교하면서도, 직관적으로 이해 가능한 물리적 모델을 제공했다.

이 균형이 가능했던 이유는 고전 물리학이 다루는 현상들이 대부분 인간의 직접적 경험 영역 내에 있었기 때문이다. 물체의 운동, 열의 흐름, 전기와 자기와 같은 현상들은 일상에서 관찰 가능했고, 따라서 직관적 이해가 가능했다.

뉴턴의 중력 법칙은 수학적으로는 역제곱 법칙($1/r^2$)으로 표현되지만, 멀리 있는 물체보다 가까이 있는 물체가 더 강하게 당긴다는 직관적 이해도 가능했다. 마찬가지로, 맥스웰의 전자기 방정식은 수학적으로 복잡하지만, 장(field) 개념을 통해 직관적 이해의 기반을 제공했다.

현대 물리학의 형식주의적 전환

20세기 초, 양자역학과 상대성 이론의 등장으로 물리학은 인간 경험의 일상적 영역을 벗어나기 시작했다. 이 이론들은 우리의 직관이 발달해 온 중간 크기 세계(mesoscale world)가 아닌, 극도로 작거나(양자 세계) 극도로 빠르거나 큰(상대론적 세계) 영역을 다루었다.

이 새로운 영역들에서 직관은 종종 오류를 범했다. 예를 들어,

양자 중첩: 한 입자가 동시에 여러 상태에 있을 수 있다는 개념은 우리의 일상적 직관과 완전히 충돌한다.

관측과 실재: 관측 행위가 관측 대상에 영향을 미친다는 개념 역시 직관적으로 받아들이기 어렵다.

시공간의 휨: 중력을 시공간의 기하학적 구조로 이해하는 것은 우리의 유클리드 기하학에 기반한 직관과 충돌한다.

이런 상황에서 물리학자들은 점점 더 수학적 형식주의에 의존하게 되었다. 물리적 직관이 실패하는 영역에서, 수학은 여전히 작동했기 때문이다. 디랙, 하이젠베르크, 파울리와 같은 물리학자들은 직관적으로 이해하기 어려운 현상들을 수학적으로 정확히 기술하는 데 성공했다.

그러나, 이 성공은 대가를 치렀다. 물리학은 점점 더 추상화되고, 일반인은 물론 많은 물리학자들조차 완전히 이해하기 어려운 분야가 되어 갔다. 리처드 파인만은 이렇게 말했다: "양자역학을 이해하는 사람은 아무도 없다고 감히 말할 수 있다. 누구도 '왜' 그런지 이해하지 못한다."

현대 물리학의 문제: 수학적 형식주의의 지배

현대 물리학의 많은 분야에서 수학적 형식주의는 직관적 이해를 압도해 왔다. 이러한 경향은 다음과 같은 문제들을 야기했다.

물리적 의미의 상실: 수학적으로는 완벽히 일관된 이론이 물리적으

로는 무엇을 의미하는지 불분명한 경우가 많아졌다. 양자장론의 재규격화(renormalization) 기법이 대표적인 예다. 이 기법은 실험 결과와 놀랍도록 일치하는 예측을 제공하지만, 그 물리적 의미는 여전히 논쟁의 대상이다.

검증 불가능한 이론들: 일부 현대 물리 이론들은 너무 추상적이고 수학적이어서 실험적 검증이 거의 불가능해졌다. 11차원 이상의 공간을 가정하는 초끈이론이 대표적이다.

소통의 단절: 물리학의 추상화가 심화됨에 따라, 물리학자들과 일반 대중, 심지어 다른 분야의 과학자들 사이의 소통이 어려워졌다. 이는 과학의 건강한 발전을 저해할 수 있다.

창의성의 제한: 수학적 형식주의에 지나치게 의존하면, 패러다임 밖에서 생각하는 창의적 직관이 발휘될 여지가 줄어든다. 물리학의 역사는 기존 패러다임을 벗어난 직관적 도약이 큰 발견으로 이어졌음을 보여 준다.

아인슈타인의 경고

물리학의 수학화에 대한 가장 중요한 경고는 역설적이게도 가장 위대한 수학적 물리학자 중 한 명인 아인슈타인으로부터 왔다. 그는 말년에 이렇게 경고했다:

"물리 이론을 발전시키는 데 있어서, 개념과 기본 원리를 발명하는 일이 가장 중요하다. 수학적 형식화는 비교적 쉬운 부분이다. 순수한 수학적 사변으로는 물리적 실재에 대한 이해에 도달할 수 없다."

아인슈타인은 자신이 일반상대성 이론을 발견하는 과정에서, 수학적 도구(텐서 미적분학)를 찾기 전에 물리적 원리(등가 원리)를 먼저 직관적으로 파악했다고 강조했다. 그는 수학이 물리학의 도구일 뿐, 물리학의 본질이 아니라고 보았다.

해례이론의 접근: 수학과 직관의 조화

해례이론은 현대 물리학에서 기울어진 직관과 수학의 균형을 회복하고자 한다. 이는 수학적 엄밀성을 포기하자는 것이 아니라, 수학적 구조가 실제 물리적 의미를 가지도록 해야 한다는 것이다.

해례이론의 접근 방식은 다음과 같은 특징을 갖는다.

직관적 메커니즘의 복원: 해례이론은 양자 현상과 중력과 같은 추상적 개념들에 대해 직관적으로 이해 가능한 물리적 메커니즘을 제시한다. 예를 들어, '회전과 응집'이라는 개념을 통해 다양한 물리 현상의 근원을 직관적으로 설명한다.

통합적 관점: 해례이론은 서로 다른 물리 현상들을 몇 가지 기본 원리로 통합하여 설명하고자 한다. 이는 분절된 현대 물리학에 통일된 설명 체계를 제공하는 시도다.

수학적 형식화와 직관의 조화: 해례이론에서는 양성자의 회전수, 방 구조의 크기, 전자 생성 빈도 등을 수학적으로 정확히 기술하면서도, 이 모든 것이 물리적으로 회전하고 응집하는 구체적 과정임을 직관적으로 이해할 수 있다. 수학은 복잡한 현상을 정밀하게 기술하는 언어이지만, 그 언어가 표현하는 내용은 결국 물리적 실재여야 한다.

다리 놓기: 해례이론은 일상적 경험과 물리학의 추상적 영역 사이에 연결 고리를 만들고자 한다. 이를 통해 물리학이 다시 인간의 직관과 연결될 수 있다.

직관과 수학의 상호보완성

직관과 수학은 서로 대립하는 것이 아니라, 상호보완적인 관계에 있다. 좋은 물리 이론은 이 둘 사이의 균형을 찾는다. 직관은 물리적 의미와 전체적 그림을 제공하고, 수학은 그 의미를 정밀하게 표현하고 예측 가능하게 만든다.

역사적으로, 물리학의 가장 위대한 성과들은 이 균형을 달성했을 때 이루어졌다. 뉴턴의 역학, 맥스웰의 전자기학, 초기 아인슈타인의 상대성 이론은 모두 직관적 이해와 수학적 정밀함을 함께 제공했다.

해례이론은 이러한 균형을 회복하고자 한다. 양자 현상과 중력과 같은 복잡한 주제를 다룰 때도, 해례이론은 수학적 정확성을 유지하면서 직관적으로 이해 가능한 물리적 모델을 제시하고자 한다.

물리학의 미래는 다시 한번 직관과 수학 사이의 균형을 찾는 데 있다. 순수한 수학적 형식주의는 예측력을 제공할 수 있지만, 깊은 물리적 이해를 주지는 못한다. 반면, 수학적 엄밀성이 없는 직관은 주관적 해석에 머물 위험이 있다.

해례이론은 이 두 접근 방식의 장점을 결합하려는 시도다. 물리적 직관의 힘을 회복하면서도, 수학적 정밀함을 유지하는 이론을 구축하고자 한다.

4장. 패러다임의 전환

패러다임 전환의 역사와 현재

과학의 역사는 패러다임의 전환으로 점철되어 왔다. 토마스 쿤이 『과학혁명의 구조』에서 지적했듯이, 과학은 단순히 지식을 누적해 가는 선형적 과정이 아니라, 기존 패러다임이 한계에 도달했을 때 새로운 패러다임으로 급격히 전환하는 과정을 거쳐 발전해 왔다. 물리학도 예외가 아니다. 아리스토텔레스의 자연철학에서 뉴턴의 역학으로, 뉴턴의 역학에서 아인슈타인의 상대성 이론과 양자역학으로의 전환은 모두 이러한 패러다임 전환의 사례다.

오늘날 물리학은 또 다른 패러다임 전환의 문턱에 서 있다. 이 장에서는 왜 물리학이 새로운 관점을 필요로 하는지, 그리고 해례이론이 어떻게 이러한 필요에 부응하고자 하는지 살펴보려 한다.

통합의 실패

현대 물리학의 가장 큰 난제는 두 기본 이론—양자역학과 일반상대성 이론—의 통합 실패에 있다. 이 두 이론은 각자의 영역에서 놀라운 성공을 거두었지만, 근본적으로 양립 불가능한 수학적 기초와 개념적 틀을 갖고 있다.

양자역학은 확률적 파동함수와 불확정성에 기반하지만, 일반상대성은 결정론적 장 방정식에 기반한다. 양자역학은 고정된 시공간 배경을 필요로 하지만, 일반상대성은 중력을 시공간의 휨으로 해석하여 배경 자체를 동적 대상으로 본다.

이 두 이론이 동시에 중요해지는 영역—예를 들어 블랙홀 내부나 빅뱅 직후의 초기 우주—에서 현대 물리학은 어떤 명확한 설명도 제공하지 못한다. 초끈이론, 루프 양자중력, 인과집합 이론 등 다양한 통합 시도가 있었지만, 어느 것도 결정적인 성공을 거두지 못했다.

이러한 통합의 실패는 우리가 뭔가 근본적인 것을 놓치고 있음을 시사한다. 단순히 두 이론의 수학적 형식을 억지로 맞추는 것이 아니라, 보다 근본적인 차원에서 자연을 새롭게 바라보는 관점이 필요할 수 있다.

미해결 문제의 증가

현대 물리학은 점점 더 많은 미해결 문제들에 직면하고 있다. 암흑 물질, 암흑 에너지, 중력과 양자역학의 비양립성, 중성자의 질량 분포, 양성자 반경 문제, 중성미자 진동 등 다양한 문제들이 쌓여 가고 있다.

이런 문제들 중 일부는 기존 이론의 확장으로 해결될 수 있을지 모른다. 그러나 일부, 특히 암흑 에너지와 같은 문제는 기존 물리학 패러다임의 근본적 한계를 시사한다. 암흑 에너지가 우주를 가속 팽창시키는 현상은 표준 우주론 모델의 예측과 크게 충돌했으며, 이는 우리가 우주의 95%를 구성하는 물질과 에너지에 대해 거의 아무것도 모른다는 것을 의미한다.

　과학사를 돌이켜 보면, 미해결 문제들이 특정 임계치를 넘을 때, 이는 종종 새로운 패러다임의 필요성을 예고했다. 마이컬슨-몰리 실험의 실패와 블랙바디 복사 문제가 각각 상대성 이론과 양자역학의 탄생으로 이어진 것처럼, 오늘날의 미해결 문제들은 새로운 물리학적 관점의 필요성을 알리는 신호탄일 수 있다.

이론적 복잡성의 증가

　현대 물리학 이론들, 특히 입자물리학의 표준 모형과 같은 이론들은 점점 더 복잡해지고 있다. 표준 모형은 18개 이상의 자유 매개변수를 포함하며, 이들의 값은 이론적으로 도출되지 않고 실험적으로 결정된다.

　이런 복잡성의 증가는 종종 이론이 한계에 다다랐음을 의미한다. 프톨레마이오스의 천문학 체계가 행성들의 역행 운동을 설명하기 위해 주전원을 계속 추가했듯이, 현대 물리학도 새로운 현상을 설명하기 위해 계속해서 매개변수와 개념을 추가하는 경향이 있다.

　과학사는 이런 복잡성이 극에 달했을 때, 종종 단순하고 우아한 새 이론이 등장하여 모든 것을 새롭게 설명했음을 보여 준다. 코페르니쿠스의 태양 중심 모델이 복잡한 주전원 체계를 대체했듯이, 오늘날의 물리학도 보다 단순하고 통합적인 새 관점을 필요로 할 수 있다.

현대 물리학의 개념적 한계

현대 물리학의 위기는 단순히 실험적 이상 현상이나 수학적 비일관성의 문제가 아니다. 보다 근본적인 수준에서, 현대 물리학은 심각한 개념적 한계에 직면해 있다.

관측과 존재의 난제

양자역학은 관측되지 않은 대상에 대해 이야기하는 것이 근본적으로 어렵다는 문제를 제기한다. 슈뢰딩거의 고양이 사고실험이 보여 주듯, 관측 전 시스템은 여러 가능한 상태의 중첩 상태에 있다고 여겨진다.

그러나 이것이 물리적으로 무엇을 의미하는지는 여전히 명확하지 않다. 관측은 실재를 창조하는가, 아니면 단지 드러내는가? 중첩 상태는 단지 우리의 지식 부재를 나타내는 것인가, 아니면 실재의 근본적 특성인가?

이러한 질문들은 단순한 철학적 사유가 아니라, 양자 컴퓨팅이나 양자 암호학과 같은 첨단 기술의 기반이 되는 근본적 문제들이다. 그럼에도 현대 물리학은 이에 대한 명확한 답을 제시하지 못한다.

시간과 인과성의 문제

특수상대성 이론은 절대적 동시성 개념을 폐기했고, 일반상대성 이론은 시간을 공간과 함께 휘어질 수 있는 기하학적 차원으로 재해석했다. 한편, 양자역학에서는 벨 부등식의 위반이 비국소성, 즉 공간적으로 떨어진 입자들이 즉각적으로 영향을 주고받을 수 있음을 시사한다.

이러한 발견들은 시간, 인과성, 지역성에 대한 우리의 직관적 이해와 충돌한다. 현대 물리학은 이들 개념의 근본적 본질에 대해 여전히 합의된 견해를 제시하지 못하고 있다.

시간은 근본적인 물리량인가, 아니면 보다 근본적인 무언가로부터 창발하는 이차적 현상인가? 인과관계는 근본 법칙의 일부인가, 아니면 거시적 수준에서만 유효한 근사적 개념인가? 이러한 문제들에 대한 명확한 이해 없이는, 물리 법칙의 근본적 구조에 대한 통합적 시각을 갖기 어렵다.

의식과 관측자의 역할

양자역학에서 관측자의 역할은 특히 논쟁적이다. 코펜하겐 해석에 따르면, 관측 행위는 파동함수의 붕괴를 야기한다. 그러나 '관측'이 정확히 무엇을 의미하는지, 그리고 이것이 의식적 관측자를 필요로 하는지 여부는 여전히 논쟁 중이다.

물리학의 대부분 이론들은 관측자를 암묵적으로 배제하고, 마치 외부에서 물리 세계를 관찰하는 것처럼 기술한다. 그러나 실제로 관측자는 물리 세계의 일부이며, 동일한 물리 법칙에 따라야 한다. 이러한 '관측자 포함 문제'는 현대 물리학의 근본적 난제 중 하나이다.

더 나아가, 물리학은 뇌의 물질적 과정을 기술할 수 있지만, 어떻게 그러한 과정이 주관적 의식 경험으로 이어지는지는 설명하지 못한다.

하드 문제(Hard Problem)라 불리는 이 문제는 물리학의 설명적 영역을 넘어서는 것으로 여겨져 왔다. 그러나 물리학이 관측자를 포함한 완전한 세계상을 제공하려면, 이 문제 역시 어떤 방식으로든 다루어야 한다.

왜 해례이론인가?

앞서 논의한 물리학의 위기와 개념적 한계들은 새로운 관점, 새로운 사고 방식의 필요성을 시사한다. 해례이론은 이러한 필요에 부응하기 위한 시도다. 그렇다면 해례이론은 무엇이 다른가?

통합적 접근

해례이론은 '회전과 응집'이라는 단일 원리에 기반하여 물리 세계의 다양한 현상을 통합적으로 설명하고자 한다. 이는 분절된 현대 물리학 이론들을 하나의 일관된 체계로 연결하는 시도이다.

특히, 해례이론은 양자 현상과 중력을 동일한 메커니즘의 서로 다른 측면으로 해석함으로써, 두 이론의 통합을 자연스럽게 달성하고자 한다. 이러한 접근은 물리 세계의 통일성에 대한 직관에 부합한다.

직관적 이해 가능성

해례이론은 수학적 형식주의에만 의존하지 않고, 물리 현상에 대한 직관적으로 이해 가능한 설명을 제공하고자 한다. 이는 관측자의 직접 경험과 물리학의 추상적 개념들 사이의 간극을 메우는 데 도움이 된다.

이를 통해 해례이론은 물리학을 다시 한번 '자연철학'으로 회귀시키고자 한다. 현대 물리학이 점점 더 추상화되고 직관과 단절되어 온 것과 달리, 해례이론은 직관적 이해와 수학적 정확성의 균형을 추구한다.

존재론적 기반

해례이론은 '없음'과 '비어 있음'의 구분과 같은 존재론적 고찰에서 출발한다. 이는 물리학의 가장 근본적인 문제—존재의 본질, 시간과 공간의 본질, 관측과 실재의 관계 등—에 대해 새로운 관점을 제시한다.

현대 물리학이 종종 이러한 근본적 질문들을 철학의 영역으로 미루는 것과 달리, 해례이론은 이들 질문을 물리학적 탐구의 중심에 두고자 한다. 이는 아인슈타인, 보어, 슈뢰딩거와 같은 초기 양자역학의 창시자들이 가졌던 접근 방식으로의 일종의 회귀이기도 하다.

검증 가능성

중요한 점은, 해례이론이 단순한 철학적 사변이 아니라는 것이다. 이 이론은 구체적인 물리적 메커니즘과 검증 가능한 예측을 제시한다. 예를 들어, 해례이론은 '수직광자 직격 실험'과 같은 구체적인 실험 설계를 통해 절대정지 개념의 검증 가능성을 제시한다.

이는 과학적 이론으로서의 기본 요건을 충족한다. 아무리 아름답고 통합적인 이론이라도, 실험적 검증 가능성이 없다면 그것은 과학이 아닌 형이상학에 머물 뿐이다. 해례이론은 그 철학적 깊이에도 불구하고, 궁극적으로는 실험적 검증을 통해 평가되어야 할 과학적 이론이다.

과학의 역사와 저항의 필연성

물리학사를 돌이켜 보면, 모든 주요 패러다임 전환은 초기에 강한 저항에 부딪혔다. 코페르니쿠스의 태양 중심 모델, 뉴턴의 만유인력 이론, 아인슈타인의 상대성 이론, 양자역학—이 모든 이론들은 처음에는 과학 공동체의 회의와 비판에 직면했다.

이는 쿤이 지적한 대로, 과학자들이 기존 패러다임에 깊이 길들여져 있기 때문이다. 기존 패러다임은 단순한 이론의 집합이 아니라, 세계를 바라보는 방식, 문제를 정의하고 해결하는 방식, 과학적 실천의 전체 체계를 규정한다. 이러한 패러다임을 바꾸는 것은 쉬운 일이 아니다.

그러나 역사는 패러다임 전환이 불가피했을 때, 그것이 결국 과학의 발전으로 이어졌음을 보여 준다. 새로운 패러다임은 기존 패러다임의 성공을 포함하면서도, 그 한계를 넘어서는 더 넓은 설명력을 제공했다.

해례이론 역시 기존 물리학의 성과를 부정하는 것이 아니라, 그것을 포함하면서 더 깊은 차원에서 재해석하고 통합하는 것을 목표로 한다. 이는 아인슈타인의 일반상대성 이론이 뉴턴의 중력 이론을 틀렸다고 부정한 것이 아니라, 그것의 적용 범위와 한계를 명확히 하면서 더 넓은 맥락에서 재해석한 것과 유사하다.

과학적 탐구의 여정에서, 때로는 앞으로 나아가기 위해 뒤로 물러서서 큰 그림을 다시 바라볼 필요가 있다. 현대 물리학은 놀라운 성과를 이루었지만, 동시에 심각한 위기와 한계에 직면해 있다. 이러한 상황은 새로운 관점, 새로운 사고 방식의 필요성을 시사한다.

해례이론은 이러한 필요에 부응하기 위한 하나의 시도이다. 그것이 모든 문제의 해답을 제공할 것이라고 주장하는 것은 아니다. 그보다는, 물리 세계를 바라보는 새로운 렌즈, 새로운 사고 체계를 제안한다.

물리학의 역사는 이러한 새로운 관점이 종종 예상치 못한 발견과 통찰로 이어졌음을 보여 준다. 해례이론이 제시하는 새로운 렌즈가 우리에게 어떤 새로운 세계를 보여 줄지, 그것은 앞으로의 탐구를 통해 밝혀질 것이다.

제2부

창조의 순간
- 최초 입자에서 빛까지

5장. 최초 구조의 탄생

우주는 본래 '없음'이다. 그곳에는 종이도, 잉크도, 흔적도 없다. 그러나 우리가 서 있는 이 '공간'은 그와 다르다. 비어 있음은 무(無)가 아니라 가능성의 장이다. 아무것도 적히지 않았지만 무엇이든 적힐 수 있는 백지처럼, 구조를 받아들일 준비가 되어 있는 상태다.

해례이론은 이 비어 있음의 일부에서 유한한 조각이 태어났다고 본다. 무한 속에 떠 있는 작은 유한—그것이 우주의 시작이었다. 이 유한은 처음부터 완전하지 않았다. 그 경계는 느슨했고, 비어 있음의 요동은 곳곳에서 모드의 분포를 불균형하게 만들었다.

비어 있음은 결코 완전한 균일이 아니다. 무한 속에서 태어난 유한은 처음부터 경계의 흔들림과 미세한 불균질을 품고 있었다. 그 불균질은 모드의 기울기를 만들었고, 기울기는 곧 스펙트럼 장력이 되었다. 이 긴장은 우주의 첫 전위차였다.

여기서 우리는 흔히 '온도'라 부르는 개념을 조심해야 한다. 온도는 입자의 무작위 운동을 평균한 양이지만, 아직 입자를 전제하지 않는 비어 있음에서는 다른 지표가 필요하다. 우리는 이를 '스펙트럼 장력(Spectral Tension, Θ)'이라 부른다.

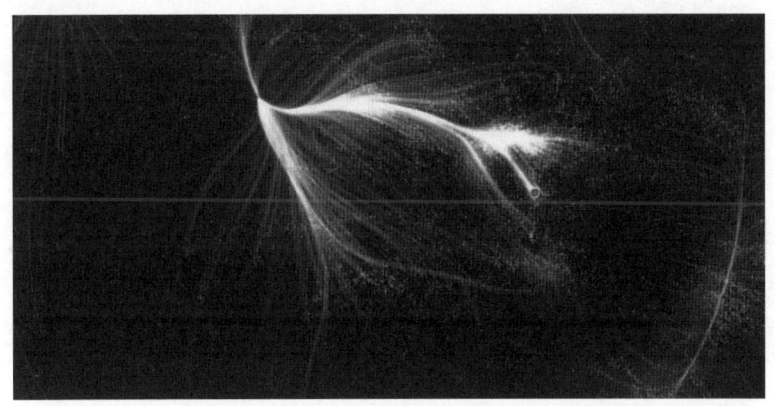

(우주적 번개의 에너지흐름이 빚어낸 라니아케아 초은하단)

정의: Θ는 비어 있음의 모드가 특정 스펙트럼으로 치우칠 때 생기는 비대칭의 표지이며, 입자의 수와 무관하게 에너지 밀도의 경사를 가리킨다.

스펙트럼 장력이 큰 곳과 작은 곳 사이에는 전위차가 생긴다. 전위차는 곧 흐름을 낳고, 흐름은 응집과 희석을 교차시키며 경계를 깎아낸다. 어느 임계를 넘으면, 긴장에 묶여 있던 에너지가 한꺼번에 풀리면서 '우주적 번개'(에너지 급변 전위 흐름)가 친다. 이는 한 점에서 방전되어 사라지는 섬광이 아니라, 유한 전체를 가로지르며 방향을 바꾸고 속도를 달리하는 거대한 완화의 파동이다.

그 파동의 마루마다 공간은 굽이치고, 골마다 에너지는 모여든다. 번개는 나무의 줄기처럼 뻗었고, 흐름은 가지로 갈라졌다. 가지가 다시 가지를 치며, 갈래마다 소용돌이가 맺혔다.

회전은 비어 있음을 두껍게 만들고, 두꺼워진 곳에서는 경계가 선명해진다. 경계가 서자, 그 위에서 전자가 출현하는 조건이 충족된다. 이것이 바로 '대칭 깨짐'의 물리적 원인이다. 자발성이라 부르기에는 지나치게 구체적이고, 환상이라 치부하기에는 너무도 작동적이다.

여기서 우리는 다음과 같은 인과 연쇄를 확인한다.

· 회전 → 경계 형성 → 전자 출현 → 회전 강화

결과는 다시 원인이 되어 자기강화적 순환을 만든다.

우주적 번개의 잔흔은 형태를 남겼다. 굵은 줄기는 필라멘트가 되었고, 갈라진 끝은 결절이 되었다. 결절에는 에너지가 오래 머물렀고, 그곳에서 거대한 방(房)들이 응집했다. 은하들의 집단은 바로 그 응집의 흔적이며, 우리 은하는 수많은 가지 끝에 달린 작은 잎과 같다.

중요한 것은 이 모양이 우연의 산술이 아니라, 전위차와 회전, 경계와 출현이 만든 필연의 기하학이라는 점이다.

따라서 우주의 첫 장면은 다음과 같이 요약된다.

① 무한 속의 유한 탄생: 없음에서 상대적 비어 있음의 유한한 영역이 분화

② 스펙트럼 장력: 유한 안에서 에너지 밀도의 경사 형성

③ 우주적 번개: 전위차로 인한 거대한 완화 파동 발생

④ 회전과 경계: 파동이 만든 소용돌이와 경계면의 선명화

⑤ 전자 출현: 경계 위에서 입자의 첫 출현

⑥ 공간 수렴: 밀도 분포 변화로 인한 거대 구조의 뼈대 형성

이 모든 과정은 수식 이전에 자연이 스스로 그려 낸 그림이었다.

이제 우리는 '대칭 깨짐'을 이야기할 자격을 갖추었다.

다음 절에서는 이 과정을 해례이론의 언어로 정식화하여, 회전과 경계, 출현과 수렴이 어떻게 하나의 법칙으로 묶이는지 보여 줄 것이다.

"모든 것은 원자로 이루어져 있다." 리차드 파인만의 이 명제는 현대 물리학의 근본적 통찰을 압축한 선언이다. 데모크리토스가 처음 원자(atomos)를 제안한 이래, 인류는 물질의 기본 구성 단위를 찾아 나서는 긴 여정을 계속해 왔다. 그러나 이 명제에 숨어 있는 개념적 전제들이 무엇인지 되묻는 일은 그리 흔하지 않았다.

인류가 원자의 존재를 인식한 이후, 우리의 원자 모델은 전자를 중심축으로 발전해 왔다. 핵 주위를 도는 입자로서의 전자, 그리고 확률적 분포인 오비탈의 개념은 현대 물리학의 근간으로 굳건히 자리매김했다. 그러나 이러한 접근 방식의 근저에는 근본적인 오해가 내재되어 있다.

전자를 '공전하는 입자'라는 전제로 시작한 이 선택이, 물리학을 필요 이상으로 복잡하고 추상적인 이론 체계로 발전시키는 결정적 전환점이 되었다. 만약 우리의 시선이 전자가 아닌 양성자의 회전에 먼저 고정되었다면, 양성자 자체의 회전 운동에서 전자가 생성되는 근본적 메커니즘을 발견했다면, 물리학은 지금보다 훨씬 더 간결하고 직관적인 경로를 따라 발전했을 것이다.

1. 현대 물리학의 성취와 한계

복잡화의 연쇄반응

19세기 말까지만 해도 원자는 말 그대로 '더 이상 쪼갤 수 없는' 최소 단위로 여겨졌다. 그러나 전자의 발견과 함께 원자는 핵과 전자로 구성된 복합 구조로 이해되기 시작했다. 러더퍼드의 금박 실험 이후 원자는 중심의 작은 핵 주위를 전자가 공전하는 태양계 모델로 설명되었다.

그러나 이 단순한 그림은 곧 한계를 드러냈다. 고전 전자기학에 따르면 가속운동하는 전자는 에너지를 방출하며 핵으로 나선형 추락해야 했기 때문이다. 이 문제를 해결하기 위해 보어는 전자가 특정 궤도에서만 존재할 수 있다는 '정상상태' 가정을 도입했다. 전자는 이 정상상태에서는 에너지를 방출하지 않으며, 궤도 간 이동 시에만 불연속적으로 에너지를 흡수하거나 방출한다는 '퀀텀 점프' 개념이 등장했다.

양자역학의 발전과 함께 전자의 궤도 개념마저 폐기되었다. 하이젠베르크의 불확정성 원리에 따라 전자의 위치와 운동량을 동시에 정확히 알 수 없다는 결론에 이르렀고, 전자를 중심 요소로 상정했던 기존의 궤도 모델은 확률 밀도로 대체한 오비탈 개념으로 전환되었다.

추상화의 딜레마

한편 원자핵의 구조 역시 복잡해져 갔다. 핵이 양성자와 중성자의 집합으로 구성되어 있다는 사실이 밝혀지자, 같은 전하를 가진 양성자들이 어떻게 핵 안에서 결합을 유지하는지가 새로운 문제로 대두되었다. 이를 해결하기 위해 '강력'이라는 새로운 기본 힘이 도입되었고, 이 강력을 매개하는 '글루온'이라는 입자가 필요하게 되었다.

문제는 여기서 끝나지 않았다. 양성자와 중성자를 서로 다른 입자로 구분하자니 이들을 구성하는 더 근본적인 요소가 필요했고, '쿼크'라는 개념이 제안되었다. 그런데 이 쿼크들을 존재시키려면 +2/3, −1/3과 같은 분수 전하가 필요했고, 이는 그때까지 관측된 모든 입자가 정수 전하를 갖는다는 경험과 배치되는 것이었다.

현대 물리학은 빅뱅 우주론을 통해 우주의 기원을 설명한다. 이 이론은 우주 배경 복사, 경원소 비율, 은하의 적색편이 등 특정 관측 증거에 기초하여 정립되었다. 그러나 우주 초기의 상태를 설명하는 과정에서 10^{-35}초와 같은 극도로 짧은 시간 단위나, 10^{-3}초 동안 10^{30}배의 팽창과 같은 개념은 인간의 직관적 이해 범위를 벗어난다.

천동설의 주전원과 현대 물리학

이처럼 현대 물리학은 하나의 문제를 해결하기 위해 새로운 개념을 도입할 때마다, 그 개념이 또 다른 복잡성과 모순을 낳는 연쇄 반응을 경험해 왔다. 정상상태, 퀀텀 점프, 확률 해석, 글루온, 쿼크, 분수 전하… 이 모든 개념들은 각각 나름의 설명력을 갖지만, 전체적으로는 물리학을 점점 더 추상적이고 반직관적인 영역으로 밀어넣었다.

이는 천동설이 행성의 역행 운동을 설명하기 위해 주전원(epicycle) 위에 또 다른 주전원을 더해 가며 점점 복잡해져 간 과정과 닮아 있다. 그러나 천동설의 복잡한 주전원 체계는 코페르니쿠스의 지동설이라는 단순한 전제 하나로 모두 해소되었다.

현대 물리학은 아직 그러한 코페르니쿠스적 전환을 경험하지 못했다. "양자역학을 이해하는 사람은 아무도 없다"는 파인만의 유명한 말은 이러한 상황을 단적으로 보여 준다. 이는 지식의 한계라기보다, 현대 물리학이 채택한 접근 방식의 한계를 드러낸다.

2. 해례이론의 대안적 접근

패러다임의 전환

문제의 핵심은 전자라는 실체를 하나의 독립된 입자로 설정함으로써 원자 내 구조를 분리된 구성 요소들의 조합으로 간주하게 된 데 있다. 그 결과 물리학은 더욱 복잡하고 난해한 이론 체계로 나아가게 되었다.

해례이론은 이와 같은 기존의 틀을 전면적으로 재구성한다. 그 출발은 단순하다. 만약 우리의 시선이 전자라는 결과물 대신, 양성자의 회전 운동이라는 근원적 과정에 먼저 고정되었다면 어땠을까? 전자가 그 자체로 독립된 입자가 아니라, 회전하는 에너지 응집체가 생성하는 구조적 결과물이라면 어떨까?

이 하나의 가정만으로도 현대 물리학이 수십 년에 걸쳐 축적해온 복잡한 개념들 대부분이 불필요해질 수 있다. 천동설의 주전원들이 지동설 하나로 모두 해소되었듯이 말이다.

존재론적 통합

이 가정을 통해 우리는 전자와 전자의 운동이 아닌, 에너지의 회전과 그로부터 창발하는 구조를 물리학의 중심으로 삼을 수 있게 된다. 해례이론은 양성자의 회전을 원자의 실질적 기초로 삼으며, 이 회전이 창발적으로 중성자와 전자, 그리고 더 나아가 빛과 중력을 만들어내는 과정을 설명한다.

이는 단순한 모형 변경을 넘어선다. 세계를 바라보는 시선 자체를 전환하는 작업이며, 그로 인해 물리학의 설명 방식 전체가 변화한다. 존재를 분리된 요소들의 집합으로 바라보는 환원주의적 세계관에서 벗어나, 회전과 응집이라는 단일한 원리로부터 모든 구조와 상호작용을 유도하는 존재론적 모델로 이동하는 것이다.

3. 우주 최초의 생성과 대칭의 붕괴

절대 대칭 상태

해례이론은 존재를 설명하는 가장 근본적인 질문에서 출발한다. 우주는 처음에 어떤 상태였는가? 왜, 그리고 어떻게 무(無)의 상태에서 구조가 생겨났는가?

이 이론에서 우주의 초기 상태는 그 어떤 운동도, 입자도, 에너지도 없는 완전한 대칭의 상태였다. 이 절대 대칭 상태는 시간조차 흐르지 않던 정지된 균형 상태였으며, 어떠한 변화도 발생할 수 없는 완벽한 평형이었다. 그러나 바로 이 완벽함은 존재의 가능성을 품은 불안정성 그 자체이기도 했다.

멕시코 모자 퍼텐셜

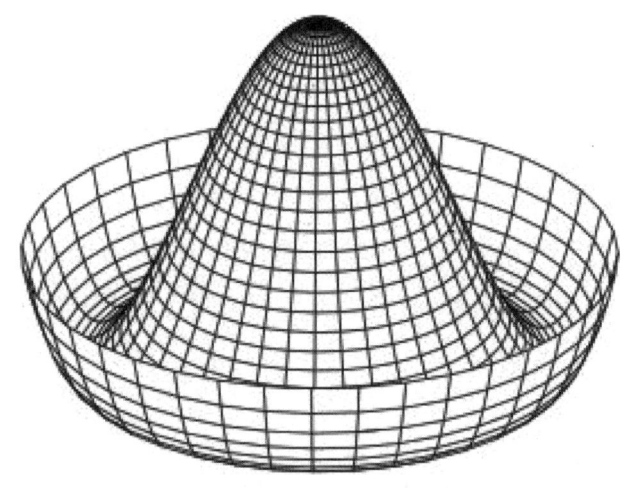

이 상태는 물리학에서 말하는 "멕시코 모자 퍼텐셜"의 정점과 같다. 중앙 정점은 완전한 대칭 상태이지만 에너지적으로는 불안정한 상태이며, 시간이 무한히 흐른다고 가정할 경우 그 상태는 결국 자발적인 대칭 깨짐(spontaneous symmetry breaking)을 통해 변화의 시점을 맞이하게 된다.

이 현상을 수학적으로 표현하면 다음과 같은 퍼텐셜 함수로 나타낼 수 있다.

$$V(\phi) = -\mu^2\phi^2 + \lambda\phi^4$$

ϕ=0일 때 정점이지만 불안정

외곽 ϕ≠0인 지점에서 안정 → 멕시코 모자 퍼텐셜

멕시코 모자 퍼텐셜은 중앙에 봉우리가 있고 주변으로 원형의 계곡이 퍼져 있는 에너지 구조이다. 이 퍼텐셜의 중심은 에너지가 높은 불안정한 상태이며, 그 주변 원형 계곡은 상대적으로 안정된 낮은 에너지 상태이다. 이 계곡들은 모두 같은 에너지 준위를 갖는 무한한 수의 안정 상태를 나타낸다.

대칭성의 붕괴와 에너지 흐름

우주의 대칭성이 자발적으로 붕괴되면, 중심에 응집되어 있던 에너지가 한 방향으로 흐르기 시작한다. 이 흐름은 방향이 없는 대칭 상태를 깨뜨리며, 계곡의 특정 지점으로 향하는 구조적 전이를 일으킨다. 이는 최초의 에너지 농축 지점을 형성하며, 그것이 바로 원자의 씨앗이 된다.

해례이론에서 최초의 원자는 이러한 에너지 퍼텐셜 지형에서 계곡의 특정 위치로 응집된 회전 에너지의 구조로 등장한다. 이 구조는 수학적 추상이나 비유적 상상이 아닌, 공간 내 에너지 밀도의 구체적 재배치이자 최초로 생겨난 실체의 등장인 것이다.

4. 회전 운동의 개시와 방 구조의 형성

회전 운동의 필연성

회전은 우주의 본질적인 운동이다. 해례이론은 최초의 에너지 응집체가 직선 운동이 아닌 회전 운동으로 이행한 것이, 존재 조건 그 자체에 따른 필연적 결과라 본다. 이는 단순히 우연한 진동이 아니다. 방향성이 없는 공간 속에서 에너지가 가장 효율적으로 분산되며 구조적 중심을 형성할 수 있는 방식이 회전이었기 때문이다.

최소작용의 원리에 따라 에너지는 가장 안정적인 경로를 따르게 되며, 그 결과 자연스럽게 회전 운동이라는 형태로 응집체의 운동이 정립되었다. 회전 운동은 자연계에서 가장 에너지 효율적인 운동 형태 중 하나이며, 최소작용 원리와도 부합한다.

양성자와 중성자의 실체

최초의 에너지 응집체는 점차적으로 원운동을 형성하며 회전을 시작한다. 이 회전은 에너지의 구심적 밀도를 강화시키고, 주변 공간과의 경계를 형성하게 만든다. 회전 중심은 점점 더 고밀도의 에너지 응집체가 되며, 이 중심을 '양성자'라 부를 수 있다.

회전 운동은 또한 자기장을 생성하게 된다. 회전하는 에너지 구조는 주변 공간에 자기적 상호작용을 일으키며, 그 결과 중심을 둘러싸는 고리 구조—이른바 '방 구조'—를 형성하게 된다. 이 방 구조는 중심의 회전 에너지가 공간에 각인한 경계이며, 그 경계는 중성자의 역할을 수행한다.

즉, 양성자와 중성자는 별개의 독립된 입자가 아니라, 하나의 연속된 회전 에너지 구조의 중심과 경계이다. 중심은 고속 회전하는 응집체, 경계는 그 회전에 의해 형성된 껍질이며, 이는 하나의 통합된 구조로서 작동한다.

방 구조의 특성

이 방 구조는 구형 또는 타원형의 삼차원 구조로, 일정한 에너지 밀도 차이를 유지하며 안정된 상태를 형성한다. 구조의 크기는 대략 10^{-10}미터 수준이며, 중심의 에너지 밀도는 경계보다 수천 배에서 수만 배 이상 높다. 이 에너지 밀도 차이가 구조의 안정성을 유지하는 핵심 요소이다.

방 구조는 또한 자기 쌍극자성을 갖는다. 회전축을 기준으로 N극과 S극이 형성되며, 이는 서로 반대 방향으로 미세하게 흔들리는 비대칭 회전을 발생시킨다. 이는 자니베코프 현상과 유사한 동적 불안정성을 내포하며, 방 구조가 정지된 실체가 아니라 끊임없이 미세 요동하는 동적 장임을 의미한다.

5. 전자의 발생과 빛의 발산

전자의 생성 메커니즘

회전 중심에서의 에너지 밀도는 극단적으로 높아지며, 그 경계에서는 급격한 에너지 경사(gradient)가 발생한다. 이 경계에서 형성되는 전위차는 회전 운동이 유지될수록 더욱 뚜렷해진다. 결국 이는 공간 자체에 전위차로 인한 전하적 요동을 발생시킨다.

여기에서 '전위차'라는 말을 사용할 때, 그것은 물리학에서 말하는 매우 전문적인 개념, 곧 스칼라 퍼텐셜을 가리킨다. 이 분야는 양자전기역학이라는 거대한 학문의 한 갈래로, 이를 제대로 설명하려면 수십 권의 책이 필요하다. 그러나 이 책은 그런 전문 강의를 하는 것이 목적이 아니다.

복잡한 공식을 늘어놓으면 독자는 쉽게 길을 잃게 된다. 따라서 본문에서는 전문적 정의와 방대한 배경지식을 모두 생략하고, 직관적으로 이해할 수 있는 가장 단순한 표현만을 사용한다.

'전위차'라는 단어가 나오더라도 깊은 학문적 배경을 모두 떠올릴 필요는 없다. 여기서는 어떤 곳이 다른 곳보다 에너지가 높거나 낮다는 가장 단순한 의미로 받아들이면 된다. 이 책은 전문 지식을 압축하고, 가능한 한 직관적이고 쉽게 이야기를 이어 가려 한다.

이 요동은 일정 임계점을 넘어서면 구조적으로 붕괴하거나 붕괴 직전에 에너지를 외부로 방출하는 형식을 통해 새로운 구조를 생성하게 된다. 바로 이 지점에서 '전자'가 발생한다.

해례이론에서 전자는 더 이상 독립된 입자가 아니다. 회전 중심이 만든 에너지장 경계에서의 방출로 이해된다. 중심 회전 응집체는 일정한 주기로 방의 외곽 경계를 강하게 충격하고, 이 충격은 전자 형태의 에너지 패킷을 외부로 방사한다.

빛의 본질

이때 방출되는 에너지는 단일 전자로만 남지 않는다. 이 방출은 고속 회전에 의해 주기적으로 발생하며, 마치 연속된 고리나 패턴처럼 선형으로 나아간다. 이 선형 배열이 바로 파동이며, 해례이론에서는 이를 '마루만 존재하는 파동'이라 명명한다.

그러나 이 과정에서 주의할 점이 있다. 생성된 전자 자체가 곧 '빛'은 아니다. 전자는 고속 회전 중심에서 방출된 국소 에너지 구조이며, 빛은 이 전자가 공간에 남긴 주기적 흔적이 파동 형태로 연결된 결과이다.

즉, 전자의 반복 생성이 공간 밀도의 진동 패턴을 만들고, 이 진동 패턴이 마루 구조를 이루어 선형으로 전개되는 것이 바로 빛이다. 따라서 해례이론에서 빛은 전자의 흔적이 공간에 각인된 구조적 파동이지, 전자 그 자체가 이동하는 것이 아니다.

파동의 구조

이는 기존 물리학에서 상정하는 연속적인 사인파가 아닌, 존재하는 마루와 존재하지 않는 골이 반복되는 구조이다. 이 파동은 전자가 생성된 지점에서의 공간 밀도 진동이 주기적으로 각인되며 형성된 밀도 배열 구조이다.

이 과정을 정량적으로 보면, 세슘 원자에서의 예처럼 중심 회전수는 약 92억 회/초 이상에 이른다. 이 극도로 빠른 회전은 전자 방출이 1초에 수십억 회 발생함을 의미한다. 이로 인해 우리는 연속적 파동처럼 보이는 광의 흐름을 경험하게 된다.

6. 중력의 발생과 기본 힘의 통합

중력의 본질

전자는 방 구조의 경계에서 회전 응집 에너지가 임계점을 넘으며 국소적으로 외부로 구조화될 때 생성된다. 이 과정에서 전자가 생성된 경계 인접 공간의 에너지 밀도가 일시적으로 저하된다. 이로 인해 주변 공간은 해당 위치로 수렴하려는 움직임을 보이게 되며, 이것이 중력으로 나타난다.

중력은 해례이론에서 더 이상 '질량 간의 인력'이 아니다. 에너지 방출에 의한 공간 밀도 변화의 결과로 발생하는 장의 수렴 과정이다. 이로써 중력은 끌어당기는 힘이 아닌, 밀도 불균형에 따른 공간 구조의 재배치이며, 방출 중심을 향해 공간이 스스로 응축되는 움직임이다.

네 가지 힘의 재통합

전자기력은 회전 중심에서 전자의 반복적 방출이 공간에 전위 구조를 형성하고, 회전의 자기장이 이를 함께 구속하며 형성되는 복합 장이다. 이 장은 전자의 생성 주기성과 중심 회전 주기의 결합 구조로 나타난다.

강력은 복수의 방 구조들이 밀집하여 그 경계면이 직접 접촉하며 융합할 때 발생한다. 이 융합은 고밀도의 회전 경계가 서로 연결되며 이루어진다. 이는 기존 물리학에서의 강력 상호작용—핵융합—에 대응된다.

약력은 복수의 방 구조가 물리적으로 인접해 있으면서, 회전 축의 자기장이 서로를 결속시키는 경우 발생한다. 이는 강력처럼 경계면이 완전히 융합되는 것은 아니지만, 자기장을 통해 구조들이 결합된 상태이다.

중력은 에너지가 방출된 위치에서 발생하는 공간 밀도의 불균형을 해소하기 위한 주변 공간의 수렴 반응이다. 이는 구조 자체의 움직임이 아니라, 공간 장이 재배열되는 방향성 흐름이다.

이러한 해석은 쿼크, 글루온, 위크 게이지 입자 등 외삽적 개념 없이, 방 구조 하나에서 발생하는 회전과 에너지 방출, 자기장, 공간 밀도 차이만으로 모든 기본 상호작용을 설명할 수 있게 한다.

7. 수소에서 원자로: 구조의 완성

수소의 특수성

해례이론에서 수소는 엄밀한 의미에서 완전한 원자가 아니다. 수소는 원자를 구성하는 기본 재료에 해당한다. 중심의 회전 응집체(양성자)와 그 경계에서 방출되는 전자만을 가지고 있을 뿐, 아직 명확한 방 구조를 형성하지 못한 상태이다.

수소가 충분한 압력을 받게 되면 구조적 변화가 일어난다. 회전 중심 주변의 에너지가 재배치되면서, 중심부는 더욱 압축되고 그 주변에는 명확한 방 구조가 형성된다. 이렇게 두 개의 수소로부터 양성자와 중성자 방을 갖춘 중수소가 탄생하며, 이때 비로소 진정한 의미의 원자가 완성된다.

복합 원자 구조

이러한 방 구조들이 더 결합하면서 헬륨, 리튬 등 더 복잡한 원자들이 형성된다. 각 원자의 성질은 회전 중심의 수와 배열, 그리고 방 구조들의 결합 방식에 따라 결정된다. 이는 기존 물리학의 원소 주기율표가 나타내는 패턴의 근본적 원리이기도 하다.

복수의 방 구조가 상호작용하면서 더 복잡한 구조들이 만들어진다. 이는 다중 원자 구조이며, 양성자의 회전 중심 수, 회전 방향, 중심 간 거리와 각도에 따라 다양한 형태로 배열된다.

오비탈의 재해석

특정 방향으로 전자가 더 자주 방출되는 경향은 전자 밀도가 높은 방향성을 나타낸다. 이는 기존 물리학의 '오비탈' 개념과 유사한 구조적 분포를 만든다. 하지만 해례이론은 이를 전자의 존재 확률로 해석하지 않는다. 오비탈은 전자 생성 빈도와 방향의 평균 구조이며, 회전 중심의 물리적 배열 결과일 뿐이다.

s, p, d 오비탈 등으로 나뉘는 전자 분포의 형태는 양성자의 회전 방향과 중심 간의 대칭, 그리고 방 구조의 격자적 배열에 의해 발생한다. 이는 전자의 궤도가 아니라, 회전 구조가 만든 파동의 발산 패턴이다.

중요한 것은 모든 복잡한 원자 구조가 결국 이 기본적인 회전과 응집의 원리로부터 창발된다는 점이다. 해례이론은 이로써 원자의 다양성을 별개의 독립된 입자들의 조합이 아닌, 하나의 통일된 구조 원리의 다양한 발현으로 이해할 수 있게 한다.

8. 존재론적 정리: 회전과 응집의 원리

통합적 세계관

이 장에서 해례이론은 원자의 생성 과정을 회전 중심 구조의 창발로부터 설명하였다. 이는 입자의 독립성이나 확률론적 해석에 의존하지 않으며, 오직 에너지의 회전 운동과 그로 인한 응집, 방출, 파동 형성, 구조적 반응만으로 우주의 기본 구조를 기술한다.

해례이론이 제시하는 원자 모델은 다음과 같이 요약할 수 있다.

양성자: 회전하는 고밀도 에너지 응집체

중성자: 양성자 회전에 의해 형성된 방 구조의 경계

전자: 방 구조 경계에서 주기적으로 방출되는 에너지 패킷

빛: 전자 방출의 주기적 흔적이 공간에 형성한 파동

중력: 전자 방출로 인한 공간 밀도 변화에 따른 수렴 반응

물리학의 새로운 방향

이로써 우리는 물리학이 다루어야 할 핵심이 단순한 관측 수치나 수학적 예측력이 아니라, 존재의 실질적 구조와 그것의 작동 원리라는 점을 다시 상기하게 된다. 해례이론은 바로 그 원리를 회전과 응집이라는 두 개의 축에서 출발해, 모든 물리적 상호작용과 구조를 설명하는 통일된 모델로 제시한다.

"양자역학을 이해하기 위해서는 다른 뇌가 필요하다"거나 "양자 세계는 우리의 일상 경험과 본질적으로 다르다"는 표현들은 과학적 설명의 실패를 신비주의로 포장한 것에 불과하다. 과학의 본질은 자연현상을 이해 가능한 방식으로 설명하는 데 있다. 만약 이론이 직관적 이해를 제공하지 못한다면, 그것은 이론의 완성도가 아직 충분하지 않다는 신호일 수 있다.

해례이론은 이러한 한계를 극복하고, 원자의 생성과 구조에 대한 직관적으로 이해 가능한 메커니즘을 제시하고자 한다. 이는 원자가

어떻게 생성되었는지에 대한 근본적 질문에서 출발하여, 현대 물리학의 여러 현상들을 통합적으로 설명하는 시도이다.

향후 전망

본 장에서 우리는 단지 원자의 구조를 넘어서, 시간과 공간이라는 근본 개념 자체로 사유를 확장할 수 있는 기반을 마련했다. 해례이론의 방 구조 모델은 물질의 본질을 이해하는 새로운 관점을 제공하며, 이는 현대 물리학의 복잡한 개념들을 단순화하고 통합할 수 있는 가능성을 열어 준다.

이 장은 단지 과학적 설명을 위한 기술서가 아니다. 이는 존재에 대한 이해를 다시 쓰는 작업이다. 해례이론은 그 출발부터 과학과 철학을 통합하는 방식으로, 자연을 기술하는 동시에 그 본질을 사유하고자 한다.

다음 장에서는 이 방 구조의 내부에서 발생하는 파동과 주기 현상, 그리고 그것이 시간의 본질과 연결되는 방식을 다룰 것이다. 이제 우리는 단지 원자의 구조를 넘어서, 시간과 공간이라는 근본 개념 자체로 사유를 확장해 나갈 수 있게 되었다.

6장. 전자의 생성과 소멸

전자의 본질과 기원

이전 장에서 우리는 원자의 기본 구조가 중심의 회전하는 양성자와 이를 둘러싼 구형 경계(중성자)로 이루어진 '방 구조'임을 살펴보았다. 이제 우리는 이 방 구조에서 전자가 어떻게 생성되고 소멸되는지, 그리고 이 과정이 현대 물리학의 여러 현상들과 어떻게 연결되는지 탐구할 것이다.

현대 물리학에서 전자는 기본 입자로 간주되며, 음전하를 띠고 원자핵 주위를 '확률 구름' 형태로 존재한다고 설명한다. 그러나 해례이론은 전자에 대한 더 근본적인 이해를 제시한다. 전자는 영구적인 독립 입자가 아니라, 방 구조의 작용에 의해 지속적으로 생성되고 소멸되는 현상이라는 것이다.

이러한 관점의 전환은 현대 양자역학의 핵심 개념들을 새롭게 해석할 수 있게 한다. 전자의 파동-입자 이중성, 불확정성 원리, 양자 터널링 등 기존 물리학이 신비로운 현상으로 취급해 왔던 것들이 모두 전자의 생성-소멸 과정이라는 하나의 메커니즘으로 설명될 수 있다.

해례이론에서 전자는 방 구조 내부의 극도로 동적인 과정의 산물이다. 중심 양성자의 회전이 만든 에너지 환경에서 임계점을 넘어서는 순간마다 전자가 생성되고, 이 전자들은 다시 소멸하거나 변형되면서 끊임없는 순환을 이룬다. 이는 전자를 고정된 실체가 아닌, 에너지 흐름의 국소적 결과로 이해하는 것이다.

전자의 생성 메커니즘

방 구조의 중심에 위치한 양성자의 고속 회전이 방 구조 경계를 충격하여 강한 전위차를 발생시킨다. 이 전위차는 특정 임계점에 도달했을 때 전자를 생성하는 현상을 유발한다.

$$V = \frac{1}{4\pi\varepsilon_0} \cdot \frac{q}{r}$$

V는 전위차,

q는 양성자의 전하,

r은 양성자와 전자 사이의 거리,

ε_0는 진공의 유전율.

양성자가 수십억 RPM으로 회전하면서 발생하는 원심력은 방 구조의 벽에 충격을 가한다. 정확히는 세슘 원자의 경우 92억 Hz, 즉 1초에 92억 번의 각운동량 변화가 일어난다. 이는 전자 생성-소멸 주기가 약 10^{-10}초 단위로 발생함을 의미한다.

이 극도로 빠른 주기 때문에 우리의 관측 장비로는 개별 전자의 생성과 소멸을 포착하기 어렵고, 대신 통계적 분포로만 관측된다. 이는 마치 영화의 각 프레임이 정지 이미지이지만, 빠르게 재생하면 연속적인 움직임처럼 보이는 것과 유사하다.

이 충격이 특정 임계점을 넘으면, 방 구조의 반대 극 또는 축 대칭 위치에서 전자가 생성된다. 여기서 임계점(E_임계)은 방 구조의 에너지 균형이 깨지는 지점을 의미한다. 양성자의 각운동량에 의한 에너지가 방 구조 경계면의 결합 에너지를 초과할 때 전자가 생성된다.

- 전자생성 임계점

$$r_{임계} = \frac{1}{4\pi\varepsilon_0} \cdot \frac{q}{E_{임계}}$$

회전 중심축의 미세한 변화나 불안정성에 따라 전자 생성 주기는 회전 주기와 다양한 비율을 가질 수 있다. 이는 방 구조가 완전히 정적인 계가 아니라, 양성자 회전의 미세한 변동에 민감하게 반응하는 동적 시스템임을 보여 준다.

전자가 생성되는 순간, 그 지점의 공간 에너지는 전자 생성에 소모되어 감소한다. 이 에너지 감소는 해당 지점의 공간 밀도 변화를 가져오고, 이것이 중력 현상의 근본 원인이 된다. 즉, 전자의 생성은 단순히 입자의 출현이 아니라, 공간 구조 자체의 변화를 동반하는 사건이다.

이러한 과정에서 주목할 점은 전자의 생성이 무작위적이지 않다는 것이다. 양성자의 회전 패턴, 방 구조의 기하학적 배치, 그리고 주변 환경의 에너지 상태가 모두 전자 생성의 위치와 빈도를 결정한다. 이는 현대 양자역학의 확률론적 해석과는 다른 결정론적 메커니즘이다.

전자의 소멸과 재생성

생성된 전자는 영구적으로 존재하지 않는다. 전자는 생성된 후 일정 시간 동안 존재하다가 다시 소멸하거나, 다른 방 구조와 상호작용하여 변형될 수 있다. 이 소멸 과정은 전자의 생성만큼이나 중요한 현상이다.

전자의 소멸은 여러 방식으로 일어날 수 있다. 첫째, 전자가 생성된 지점에서 에너지가 재충전되면서 전자가 다시 방 구조 내부로 흡수될 수 있다. 이는 전자가 원래 나온 에너지 상태로 되돌아가는 것으로, 일종의 역과정이다.

둘째, 전자가 다른 방 구조와 만나면서 소멸할 수 있다. 이 경우 전자의 에너지는 다른 방 구조의 에너지 상태를 변화시키거나, 새로운 파동을 생성하는 데 사용된다. 이는 전자가 단순히 사라지는 것이 아니라, 에너지 보존 법칙에 따라 다른 형태로 변환되는 과정이다.

셋째, 전자가 공간으로 확산되면서 점진적으로 소멸할 수 있다. 이는 전자의 에너지가 주변 공간에 분산되면서 관측 가능한 수준 이하로 떨어지는 현상이다. 이 과정에서 전자의 에너지는 공간 구조의 미세한 변화로 저장되거나, 극미한 파동으로 변환될 수 있다.

양성자의 회전이 지속되면서, 방 구조의 다른 지점에서 새로운 전자가 계속해서 생성된다. 따라서 원자 주변에는 전자의 생성과 소멸이 끊임없이 반복되는 역동적인 과정이 일어나고 있다. 이는 원자를 정적인 구조가 아닌, 끊임없이 변화하는 동적 시스템으로 이해하게 한다.

전자는 생성 시 미약한 발산 능력을 갖지만, 이는 주요 기능이 아니다. 전자의 발산은 제한적이며, 속도도 느리고 도달 거리도 짧다. 더욱이 전자는 양성자의 회전으로 인한 압력파에 쓸려 나가는 특성을 보인다. 이 때문에 실험실과 같은 근거리 환경에서는 전자가 비교적 잘 관찰되지만, 태양에서 발생한 전자가 지구까지 도달하는 경우는 극히 드물다.

이러한 지속적인 생성-소멸 패턴은 현대 양자역학이 설명하는 '양자 점프(quantum jump)'나 '양자 터널링(quantum tunneling)' 현상의 근본 메커니즘을 제공한다. 기존 물리학이 신비로운 현상으로 취급했던 것들이 실제로는 전자의 생성-소멸이라는 단순한 과정의 결과였던 것이다.

양자 현상의 재해석

해례이론의 전자 생성-소멸 모델은 현대 양자역학의 핵심 개념들을 완전히 새로운 관점에서 해석할 수 있게 한다. 이는 단순한 이론적 재해석을 넘어, 물리학의 근본 패러다임을 바꾸는 전환이다.

양자역학에서는 전자가 한 에너지 준위에서 다른 준위로 갑자기 '점프'하는 현상을 퀀텀 점프라고 부른다. 이 현상은 현대 물리학에서 가장 미스터리한 현상 중 하나로, 연속적인 경로 없이 전자가 순간적으로 위치를 바꾸는 것처럼 보인다.

해례이론에 따르면, 퀀텀 점프는 실제로 '동일한 전자의 이동'이 아니라, 서로 다른 위치에서의 '전자의 생성과 소멸'로 이해된다. 세슘 원자는 초당 90억 번 이상 진동하는데, 이는 양성자가 그만큼의 회전 RPM을 가진다는 것을 의미한다. 이 고속 회전에 따라 전자들이 방 구조 주변의 여러 위치에서 지속적으로 생성되고 소멸된다.

초기 물리학자들이 이러한 현상을 관측했을 때, 그들은 전자가 갑자기 나타났다가 사라지는 것으로 인식하여 '퀀텀 점프'라는 개념을 도입했다. 그러나 해례이론의 관점에서 보면, 이는 실제로는 서로 다른 전자들이 연속적으로 생성되고 소멸되는 과정이다.

하이젠베르크의 불확정성 원리는 입자의 위치와 운동량을 동시에 정확하게 측정할 수 없다는 원리로, 현대 양자역학의 근간을 이루고 있다. 해례이론은 이 원리에 대한 새로운 해석을 제시한다.

해례이론은 불확정성 원리를 부정하는 것이 아니라 그 물리적 기원을 새롭게 해석한다. 전자의 위치와 운동량이 동시에 정확히 측정되지 않는 이유는, 측정 행위 자체의 한계가 아니라 전자가 지속적으로 생성–소멸되는 동적 과정이기 때문이다. 즉, 측정하려는 대상 자체가 고정된 실체가 아닌 것이다.

전자의 생성–소멸 사이클이 너무 빠르게 일어나기 때문에, 우리의 관측 도구로는 이를 개별적으로 포착하지 못하고, 대신 통계적 패턴으로만 인식하게 된다. 예를 들어, 전자가 방 구조 주변의 여러 위치에서 연속적으로 생성–소멸된다면, 우리가 관측할 수 있는 것은 이 과정의 평균값이나 통계적 분포뿐이다.

양자역학의 확률론적 해석은 막스 보른이 슈뢰딩거 방정식의 파동함수 제곱을 확률 밀도로 해석하면서 시작되었다. 그러나 해례이론의 관점에서 보면, 이 확률론적 해석은 현상의 본질을 정확히 포착하지 못한다.

파동 마루는 '있다'와 '없다'의 이진적 상태인데, 이를 제곱해도 여전히 '있다'와 '없다'일 뿐이다. 초기 물리학자들은 이를 사인파로 착각하여 음수 부분을 제곱함으로써 수학적으로 양수로 변환했고, 이것이 현대 양자역학의 확률론적 토대가 되었다.

실제로 전자는 특정 시점에 특정 위치에 있거나 없거나 둘 중 하나이다. 겉보기에 확률적으로 분포하는 것처럼 보이는 이유는, 전자들이 방 구조 주변의 여러 위치에서 지속적으로 생성되고 소멸되기 때문이다. 이는 결정론적 과정의 통계적 관찰 결과이지, 본질적으로 확률적인 현상이 아니다.

전자의 파동적 특성과 이중성

양자역학에서 전자는 입자이면서 동시에 파동의 특성을 갖는다고 설명된다. 이 이중성은 물리학의 가장 큰 수수께끼 중 하나로 남아 있다. 해례이론은 이 이중성에 대한 새로운 해석을 제시한다.

해례이론에서는 이 이중성을 다음과 같이 설명한다. 전자 자체는 입자적 특성을 갖지만, 파동의 발산 과정과 함께 생성된 전자의 일부가 함께 발산하면서 측정 시 파동과 전자가 함께 관측되니 그것을 이중성이라 착각하는 것으로 추정한다. 이것은 충분히 먼 거리에서 측정하면 전자가 관측되지 않는 이유이다.

전자가 생성될 때 발생하는 공간 에너지의 변화는 또 다른 형태의 파동을 발생시킨다. 이러한 차이는 일상적 경험에서도 확인할 수 있다. 우리가 태양빛을 직접 받아 따뜻함을 느끼는 것은 광자(빛)가 1억 5천만 킬로미터를 이동해 온 것이지만, 태양에서 생성된 전자가 직접 우리 몸에 도달하지는 않는다.

전자의 영향은 주로 지구 자기권 내에서의 상호작용이나 근거리 실험실 환경에서 관측되는 현상들로 제한된다. 이 파동은 전자의 생성-소멸과 함께 공간으로 전파되며, 빛(광자)의 본질을 형성한다.

전자의 이러한 특성은 왜 우리가 전자를 주로 원자 규모나 실험실 규모에서만 직접 관측하는지를 설명한다. 전자는 본질적으로 국소적 현상이며, 장거리 정보 전달이나 에너지 전송의 주체가 아니다. 이 역할은 전자 생성 과정에서 파생되는 광자(빛)가 담당한다.

따라서 우주 규모의 현상을 이해할 때는 전자보다는 빛과 중력의 상호작용에 주목해야 한다. 이는 물리학의 관점을 국소적 입자 상호작용에서 광대역 파동 현상으로 전환하는 중요한 시사점을 제공한다.

오비탈 구조와 전자 배치

현대 양자역학에서는 전자가 원자핵 주위의 '오비탈'이라 불리는 확률 구름 형태로 존재한다고 설명한다. 이러한 오비탈들은 s, p, d, f 등의 다양한 형태를 갖는다. 해례이론의 관점에서 오비탈은 전자의 생성-소멸이 일어나는 확률적 위치를 나타낸다.

양성자의 회전 패턴, 다중 양성자 구조(더 무거운 원자의 경우), 그리고 방 구조 간의 상호작용이 이러한 오비탈 패턴을 결정한다. 특히 원자 번호가 증가함에 따라 양성자 수가 증가하고, 이는 회전 패턴과 에너지 분포의 복잡성을 더한다.

각 양성자의 회전축이 서로 다른 방향을 가질 수 있으며, 이는 더 복잡한 오비탈 구조를 형성한다. 예를 들어, 탄소 원자의 경우 6개의 양성자가 각각 다른 회전 축을 가지며, 이들의 상호작용이 탄소의 특유한 4개 결합 구조를 만든다.

이것이 주기율표에서 원소들이 주기적 특성을 보이는 이유를 설명한다. 같은 족에 속하는 원소들은 유사한 오비탈 구조를 가지며, 따라서 유사한 화학적 성질을 보인다. 이는 전자의 확률적 분포가 아니라, 양성자 회전 패턴의 기하학적 결과이다.

더 나아가, 분자 형성 과정도 이러한 관점에서 새롭게 해석된다. 분자 결합은 서로 다른 원자의 방 구조들이 접촉하면서 전자 생성-소멸 패턴이 재배열되는 과정이다. 이는 전자가 실제로 원자 간을 이동하는 것이 아니라, 전자 생성 패턴이 변화하는 것으로 이해된다.

전자 터널링과 양자 현상

양자역학에서는 전자가 고전역학적으로는 통과할 수 없는 장벽을 '터널링'하여 통과하는 현상을 설명한다. 이는 파동함수의 확률적 특성으로 인해 발생한다고 여겨진다.

해례이론에서는 터널링 현상이 실제로는 한 전자가 장벽을 통과하는 것이 아니라, 장벽 한쪽에서 전자가 소멸하고 다른 쪽에서 새로운 전자가 생성되는 과정이라고 본다. 이는 전자가 연속적인 입자가 아니라, 방 구조의 작용에 의해 지속적으로 생성-소멸되는 현상이라는 관점과 일치한다.

터널링 현상의 빈도와 특성은 장벽의 성질과 양쪽 방 구조의 에너지 상태에 따라 결정된다. 장벽이 얇고 에너지 차이가 클수록 터널링 현상이 더 자주 발생하며, 이는 한쪽에서의 전자 소멸과 다른 쪽에서의 전자 생성이 더 활발하게 일어나기 때문이다.

이러한 해석은 터널링 현상의 시간적 특성도 설명한다. 터널링이 순간적으로 일어나는 것처럼 보이는 이유는, 실제로는 한 전자가 장벽을 통과하는 시간이 아니라, 전자의 소멸과 생성이 거의 동시에 일어나기 때문이다. 이는 터널링이 연속적인 과정이 아니라, 이산적인 생성-소멸 사건들의 연속이라는 것을 의미한다.

전자와 광자의 관계

현대 물리학에서는 전자가 에너지 준위를 변경할 때 광자를 방출하거나 흡수한다고 설명한다. 이는 보어의 원자 모델에서 제시된 개념으로, 양자역학의 기본 원리 중 하나이다.

해례이론에 따르면, 전자가 생성될 때 발생하는 공간 에너지의 변화는 파동을 형성하며, 이 파동이 바로 빛(광자)의 본질이다. 전자의 생성-소멸 과정과 광자의 발생은 따라서 밀접하게 연결된 현상이다.

전자가 특정 '궤도'에서 다른 '궤도'로 떨어질 때 특정 계열의 빛이 나온다는 설명은 해례이론의 관점에서 부정확하다. 대신, 전자가 생성될 때의 조건에 따라 빛의 생성량과 특성이 결정된다고 본다.

전자 생성 과정에서 발생하는 에너지 변화는 주변 공간에 진동을 일으키며, 이 진동이 파동으로 전파된다. 이 파동의 주파수와 진폭은 전자가 생성된 방 구조의 에너지 상태와 양성자의 회전 특성에 의해 결정된다.

따라서 원자의 스펙트럼 선은 전자의 궤도 변화가 아니라, 특정 에너지 조건에서 전자가 생성될 때 발생하는 파동의 특성을 나타낸다. 이는 스펙트럼 분석을 통해 원자의 구조를 이해하는 새로운 방법을 제시한다.

전자 현상의 통합적 이해

해례이론의 전자 생성-소멸 모델은 현대 물리학의 여러 분리된 개념들을 하나의 통합된 체계로 연결한다. 양자 점프, 터널링, 파동-입자 이중성, 불확정성 원리 등은 모두 전자의 생성-소멸이라는 단일한 과정의 다른 측면들이다.

이러한 통합적 이해는 물리학의 개념적 복잡성을 크게 줄인다. 현대 양자역학이 각각의 현상을 설명하기 위해 도입한 수많은 개념들과 수학적 형식주의가 더 이상 필요하지 않게 된다. 대신, 방 구조의 역학과 전자의 생성-소멸 과정만으로 모든 현상을 설명할 수 있다.

또한 이 모델은 실험 결과의 해석에도 새로운 관점을 제공한다. 전자 간섭 실험, 이중 슬릿 실험, 양자 얽힘 등의 현상들이 전자의 생성-소멸 과정과 그에 따른 파동 효과로 재해석될 수 있다. 이는 물리학 실험의 설계와 결과 분석에 새로운 방향을 제시한다.

전자의 생성과 소멸에 대한 해례이론적 이해는 양자역학의 여러 미스터리한 현상들에 대한 새로운 통찰을 제공한다. 이 관점은 전자를 고정된 독립 입자가 아닌, 방 구조의 작용에 의해 지속적으로 생성-소멸되는 동적 현상으로 이해한다.

이러한 이해는 양자역학의 확률론적 해석을 넘어, 더 근본적인 물리적 메커니즘에 기반한 설명을 제시한다. 전자의 본질을 재정의함으로써, 우리는 원자와 분자의 구조와 거동을 새로운 관점에서 이해할 수 있게 된다.

다음 장에서는 이러한 전자의 생성-소멸 과정에서 발생하는 빛의 본질과 파동 특성에 대해 더 깊이 탐구할 것이다. 빛이 어떻게 전자의 생성-소멸과 연결되는지, 그리고 이것이 전자기파의 본질적 특성과 어떻게 관련되는지 살펴볼 것이다.

7장. 빛의 시작과 본질

인류는 태초부터 빛과 함께 존재해 왔다. 빛은 우리의 시각 경험을 가능하게 하는 기반이자, 생명 활동의 근원적 에너지원이며, 정보 전달의 핵심 매개체다. 이처럼 우리 존재와 불가분의 관계를 맺고 있는 빛의 본질에 대한 이해는 물리학의 가장 근본적인 과제 중 하나였다.

현대 물리학은 빛에 대한 이중적 이해—파동이면서 동시에 입자라는 관점—를 제시하며 놀라운 예측력을 보여 주었다. 그러나 이러한 수학적 성공에도 불구하고, '어떻게 빛이 파동이면서 동시에 입자일 수 있는가'라는 직관적 질문에 대한 답변은 여전히 불완전하다.

해례이론은 빛의 본질에 대한 새로운 관점을 제시한다. 앞 장에서 살펴본 원자의 생성과 방 구조의 형성, 전자의 생성과 소멸 과정에 이어, 이 장에서는 빛이 근거리에서는 전자로 발산되다가 원거리에서는 '마루만 존재하는 파동'으로 변환되는 과정을 탐구한다.

1. 빛에 대한 물리학적 이해의 발전

파동-입자 이중성의 역설

현대 물리학에서 빛의 이해는 파동성과 입자성이라는 두 가지 상반

된 특성의 공존으로 특징지어진다. 토마스 영의 이중슬릿 실험과 맥스웰의 전자기파 이론은 빛의 파동적 특성을 명확히 보여 주었으나, 아인슈타인이 설명한 광전효과는 빛의 입자적 특성을 드러냈다.

닐스 보어는 상보성 원리를 통해 빛의 이중적 특성을 설명하려 했다. 그에 따르면, 파동과 입자는 상호 배타적이지만 상보적인 관점으로, 빛의 완전한 이해를 위해서는 두 관점이 모두 필요하다는 것이다.

이중성이 가장 극적으로 드러나는 실험 중 하나는 이중슬릿 실험의 단일 광자 버전이다. 한 번에 하나의 광자만 발사하더라도, 충분한 시간이 지나면 스크린에 간섭 무늬가 형성된다. 이는 마치 각 광자가 '자기 자신과 간섭'하는 것처럼 보이는 현상으로, 양자역학의 가장 수수께끼 같은 측면 중 하나다.

현대 물리학의 한계

현대 물리학은 빛에 대한 놀라운 예측력을 가진 이론을 제공했지만, 여전히 몇 가지 중요한 한계와 미해결 문제들이 존재한다.

직관적 이해의 부재: 빛의 이중성은 수학적으로 기술될 수 있지만, 우리의 직관과는 거리가 멀다.

관측 문제: 양자역학에서 관측행위가 파동함수의 붕괴를 일으킨다는 개념은 여전히 철학적 논쟁의 대상이다.

매질 없는 전파의 역설: 전자기파는 매질 없이 진공에서도 전파된다. 이는 다른 모든 파동이 매질을 필요로 한다는 사실과 대조되며,

'무엇이 진동하는가?'라는 근본적 질문을 제기한다.

　이러한 한계들은 물리학의 수학적 성공에도 불구하고, 빛의 본질에 대한 우리의 직관적 이해가 여전히 불완전함을 보여 준다. 이는 새로운 이론적 패러다임의 필요성을 시사한다.

2. 해례이론의 빛 개념: 전자 발산에서 파동 전환까지

양성자 회전과 전자 생성의 메커니즘

　해례이론에서 빛의 발생은 앞 장에서 설명한 원자의 구조, 특히 양성자의 고속 회전과 전자 생성 과정과 밀접하게 연관되어 있다. 6장에서 살펴본 전자의 생성-소멸 과정이 바로 빛 발생의 핵심 메커니즘이다. 전자가 생성될 때마다 공간에 출렁거림이 발생하고, 전자가 소멸한 후에도 이 출렁거림은 공간에 흔적을 남긴다. 이러한 흔적들이 연속적으로 배열되어 우리가 관찰하는 빛의 파동을 형성한다.

　양성자는 방 구조의 중심에서 수십억 RPM의 속도로 회전하는 에너지 응집체다. 이 고속 회전은 방 구조의 경계 부근에서 강한 전위차를 발생시킨다.

　전위차가 임계점에 도달하면, 방 구조의 경계 부근에서 플라즈마볼과 유사한 방전 현상이 발생한다. 이 과정을 통해 '전자'라는 새로운 에너지 응집체가 생성된다.

빛의 이중 발생 메커니즘: 전자 발산과 공간 출렁임

해례이론에서 빛의 발생은 두 가지 동시적 현상으로 설명된다.

1단계: 공간 출렁임의 발생 전자가 생성되는 동시에, 해당 지점의 공간 에너지가 소모되어 공간 밀도가 감소한다. 이 에너지 감소는 주변 공간에 "출렁거림"을 발생시킨다. 이 출렁거림은 전자 자체와는 별개의 현상으로, 공간의 에너지 변화에 따른 파동이다.

2단계: 연속적 전파와 밀림 효과 양성자가 수십억 RPM으로 회전하면서 계속해서 새로운 전자를 생성하기 때문에, 새로운 출렁거림이 연속적으로 발생한다. 중요한 점은, 새롭게 생성되는 전자와 그에 따른 출렁거림이 이전에 발생한 출렁거림을 밀어내는 효과를 만든다는 것이다. 이렇게 밀려나는 출렁거림들이 선형적으로 배열되어 공간으로 전파된다.

마루만 존재하는 파동 구조의 형성

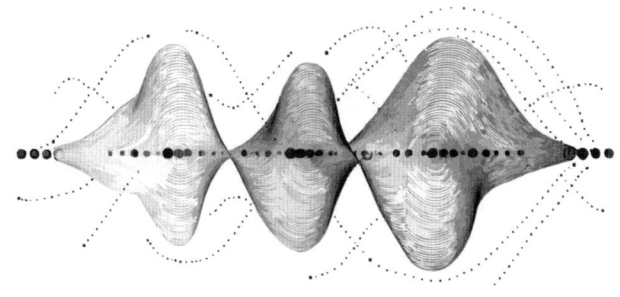

전자가 소멸하면서 남겨진 공간 출렁거림들은 독특한 구조를 형성

한다. 해례이론이 제시하는 빛의 가장 중요한 특성 중 하나는 '마루만 존재하는 파동 구조'이다. 이는 기존 물리학이 빛을 '골과 마루가 연속적으로 이어진 사인파'로 표현하는 것과 근본적으로 다르다.

전통적인 파동 이론에서 빛은 전기장과 자기장이 서로 수직으로 진동하는 연속적인 사인파로 묘사된다. 이 사인파는 진폭이 양(+)이 되는 마루와 음(−)이 되는 골을 모두 포함한다.

그러나 해례이론에서는 다르다. 전자들이 소멸하면서 남긴 공간 출렁거림들이 마치 진주 목걸이처럼 줄지어 배열된 '에너지 마루'를 형성한다. 각 마루는 전자가 존재했던 지점의 공간적 흔적이며, 이들 사이의 간격은 빛의 파장과 일치한다. 가시광선의 경우 약 500나노미터 간격으로 배열된다.

즉, 빛의 파동은 연속적인 사인 곡선이 아니라, 에너지 마루와 그 사이의 비어 있는 공간이 교대로 나타나는 불연속적 구조라는 것이다. 파동의 '골'은 실제로 존재하는 것이 아니라, 단지 에너지 마루들 사이의 '비어 있음'을 나타낼 뿐이다.

이를 수학적으로 표현하면, 기존의 연속 사인파 대신, 불연속적인 펄스 함수 형태가 된다.

여기서 Ⅱ는 구형파(rectangular pulse) 함수로, 공간 출렁거림이 존재하는 구간에서만 값을 가지고 나머지 구간에서는 0이다. 이를 시각적으로 표현하면, 기존 물리학의 매끄러운 사인파 곡선과 달리 계단식으로 올라갔다 내려가는 형태가 된다. 마치 벽돌을 일렬로 쌓아 놓은 것처럼, 각 '벽돌'(마루)은 분명히 존재하지만 그 사이사이는 비어 있는 구조다.

이는 기존 전자기파 이론의 연속 함수와 근본적으로 다른 불연속 구조다.

3. 빛의 전파와 상호작용 메커니즘

전자의 동시다발적 생성과 발산 패턴

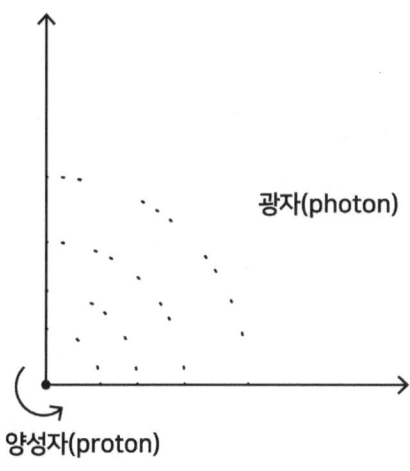

기존 물리학의 관점과 해례이론의 가장 큰 차이점 중 하나는 전자 생성의 패턴에 대한 이해이다. 전통적인 관점에서는 전자가 단일한 입자로 존재하며, 각 광자도 단일한 입자로 간주된다.

그러나 해례이론에서는 양성자의 고속 회전으로 인해 여러 전자들이 방 구조 주변에서 동시다발적으로 생성된다고 본다. 이 전자들은 단일한 지점이 아니라, 방 구조 주변의 여러 위치에서 동시에 출현한다.

이러한 동시다발적 전자 생성을 이해하기 위해 태양계 비유를 사용할 수 있다. 중앙의 양성자는 태양과 같고, 생성된 전자들은 마치 태양 주위에 배열된 수십에서 수백 개의 행성들과 같다. 이 전자들은 모두 양성자의 동일한 회전 주기에 의해 생성되었기 때문에, 서로 관련된 패턴을 형성하며 근거리에서는 전자로 발산되다가 원거리에서는 공간 출렁거림으로 변환된다.

전자의 스핀과 원자 구조의 관계

전자들은 처음 생성될 때 양성자의 회전에 의한 자기장의 영향으로 특정 방향성을 갖게 된다. 이것이 바로 물리학에서 말하는 '스핀'의 기원이다. 전자의 스핀은 단순한 회전이 아니라, 양성자의 회전 방향성이 전자 생성 시점에 전달된 구조적 특성이다.

전자가 생성되는 순간, 이미 양성자의 회전력에 의한 자기장 선속 속에서 태어나기 때문에 자력을 가지게 된다. 이러한 특성이 물리학에서 관찰되는 전자 스핀의 양자화된 특성을 설명한다.

빛의 파장과 에너지의 관계

해례이론에서 빛의 파장과 에너지는 양성자의 회전 에너지와 직접적인 관계를 갖는다. 양성자의 회전 에너지가 높을수록 더 많은 전자가 더 빠르게 생성되어, 높은 에너지(짧은 파장)의 빛이 방출된다.

예를 들어, 가시광선 스펙트럼에서 보라색 빛은 빨간색 빛보다 높은 진동수(주파수)를 가지는데, 이는 보라색 빛을 생성하는 양성자가 더 빠르게 회전하여 더 빈번하게 전자를 생성한다는 것을 의미한다.

양성자의 회전 에너지는 또한 전자 생성의 패턴과 강도에도 영향을 미친다. 양성자의 회전력이 강해지면 전자 발생 빈도가 높아지고, 이에 따라 공간 수렴력도 강화된다. 공간 수렴력이 강해지면 파동의 발산 속도가 저하된다. 이는 중력이 강한 곳에서 공간 자체의 밀도가 높아져 전자 발산과 공간 출렁거림의 전파가 방해받기 때문이다.

마찬가지로 물체가 빠르게 움직이면 단위 시간당 더 많은 에너지를 받게 되어 공간 수렴 효과가 증가하고, 이 역시 광속 저하를 일으킨다. 이것이 아인슈타인의 상대성이론에서 관측되는 중력과 가속도의 등가 원리를 해례이론 관점에서 설명하는 메커니즘이다.

회전 에너지가 높을수록 한 번에 더 많은 전자들이 더 넓은 영역에 걸쳐 생성될 수 있으며, 이는 빛의 강도(밝기)를 결정한다.

이러한 관점은 플랑크의 양자 가설과 아인슈타인의 광전효과 설명에 직관적 이해를 제공한다. $E = hf$(에너지 = 플랑크 상수 × 주파수)의 관계는, 양성자의 회전 주파수가 높을수록 생성되는 전자의 에너지가 높아진다는 해례이론의 설명과 일치힌디.

4. 광학 현상의 해례이론적 재해석

반사와 굴절의 메커니즘

해례이론에서 빛의 반사와 굴절은 전자 발산과 공간 출렁거림이 물질 표면과 상호작용하는 과정으로 재해석된다.

반사: 빛(근거리에서는 전자, 원거리에서는 공간 출렁거림)이 물질 표면에 도달하면, 표면을 구성하는 원자들의 양성자가 이 에너지를 흡수한다. 이 에너지는 양성자의 회전을 일시적으로 변화시킨 후, 새로운 전자 생성과 공간 출렁거림의 형태로 다시 방출된다. 이때 방출 각도는 입사 각도와 동일하게 되는데, 이는 표면 원자들의 구조적 배열이 전자 발산과 공간 출렁거림의 방향성을 결정하기 때문이다.

굴절: 빛이 한 매질에서 다른 매질로 진입할 때, 매질을 구성하는 원자들의 밀도와 구조적 차이로 인해 전자 생성과 공간 출렁거림의 패턴이 변화한다. 새로운 매질에서는 원자 사이의 간격과 양성자의 회전 에너지가 달라지기 때문에, 전자 발산과 출렁거림 전파의 속도가 변화한다. 이러한 속도 변화가 빛의 경로 변화(굴절)를 일으킨다.

이 관점에서 굴절률의 차이는 두 매질에서의 전자 발산과 공간 출렁거림 전파 속도 비율을 나타낸다. 굴절률이 높은 매질에서는 원자 밀도가 높아 전파가 더 느리게 진행되므로, 빛의 경로가 더 많이 휘어지게 된다.

간섭과 회절의 새로운 이해

간섭은 빛의 파동성을 가장 명확히 보여 주는 현상으로, 해례이론에서는 이를 공간 출렁거림들의 상호작용으로 재해석한다.

보강 간섭은 두 공간 출렁거림의 마루가 같은 위치에서 만날 때 발생한다. 마루만 존재하는 파동에서 마루와 마루가 겹칠 때만 보강 간섭이 일어나며, 마루와 '없는 공간'이 만나면 그저 마루 하나만 남을 뿐이다.

$$Itotal = \Sigma ili$$

- I_total : 전체 영역에서 관측되는 총 광강도
- I_i : 개별 공간 출렁거림 i가 만들어 내는 국소적 강도

해례이론에서 빛은 마루만 존재하는 불연속 파동이기 때문에, 골(비어 있는 간격)은 실체가 아닌 부재다. 따라서 마루와 골이 만날 때 변화는 없다. 오직 마루와 마루가 만날 때만 에너지 증폭이 발생한다.

이는 기존 간섭 실험 결과에 대한 새로운 해석을 제공한다. 이중슬릿 실험에서 관찰되는 간섭 무늬의 실제 원인은 두 개의 슬릿이 아니라, 슬릿 사이를 막고 있는 중앙의 장벽이다. 이 장벽 가장자리에서 발생하는 회절 현상이 간섭 무늬를 만든다. 실제로 머리카락 한 올만 놓고 빛을 쏘여도 간섭 무늬가 나타나는 것이 이를 증명한다.

이는 매우 중요한 관찰이다. 만약 간섭이 정말로 '두 개의 슬릿'에서 나오는 빛의 상호작용이라면, 머리카락 하나로는 간섭 무늬가 생길 수 없어야 한다. 하지만 실제로는 명확한 간섭 무늬가 관찰되며, 이는 장애물의 가장자리에서 발생하는 회절이 간섭 무늬의 진정한 원인임을 보여 준다.

회절: 빛이 좁은 슬릿이나 장애물을 만났을 때 휘어지는 현상인 회절은, 해례이론에서 경계 조건 변화로 인한 공간 출렁거림 패턴의 재배열로 설명된다. 장애물의 가장자리에서는 공간 출렁거림이 여러 방

향으로 확산되면서, 특정 각도에서는 보강 간섭이, 다른 각도에서는
상대적 억제가 일어난다.

편광 현상: 해례이론의 핵심 증거

편광 현상은 해례이론에서 가장 중요한 증거 중 하나다. 편광에서
관측되는 결과는 빛이 선형으로 생성되고 전파된다는 해례이론의 핵
심 주장을 직접적으로 뒷받침한다.

양성자의 회전은 특정한 축을 중심으로 이루어지며, 이 회전축이
전자 생성과 공간 출렁거림의 선형 배열 방향을 결정한다. 해례이론
에 따르면, 빛은 마루만 존재하는 파동으로서 일직선상으로 배열된
에너지 마루들이 선형적으로 전파되는 구조를 갖는다.

편광 실험에서 관측되는 결과들—편광판을 통과한 빛의 강도 변화,
편광 방향에 따른 투과율 차이—은 모두 빛이 특정 방향으로 선형 배
열된 구조임을 보여 준다.

편광의 실제 현상을 보면 이 선형성이 더욱 명확해진다. 편광판 두
장을 직각으로 겹치면 빛이 전혀 통과하지 못한다. 하지만 그 사이에
45도 각도로 또 다른 편광판을 끼우면 빛이 다시 통과한다. 이때 통
과하는 빛의 명도는 현저히 떨어지지만, 대부분의 사람들은 명도의
감소보다는 '보인다, 안 보인다'는 이진적 결과에만 주목한다. 실제로
는 빛의 선형 구조가 편광판의 방향성과 상호작용하면서 에너지 손실
이 발생하는 것이다.

이 에너지 손실은 마루만 존재하는 파동 구조에서 자연스럽게 설명

된다. 편광판과 일치하지 않는 방향의 마루들은 통과하지 못하고 흡수되거나 산란되며, 일치하는 방향의 마루들만 선택적으로 통과한다. 따라서 명도의 감소는 단순한 '차단'이 아니라 '선택적 통과'의 결과다.

이는 해례이론이 제시하는 "양성자 회전에 의한 선형 파동 생성" 메커니즘과 정확히 일치하는 관측 결과다.

자연광에서 모든 방향의 편광이 혼재하는 것은, 무수히 많은 원자들의 양성자가 각각 다른 방향으로 회전축을 가지고 있기 때문이다. 각 양성자는 자신의 회전축에 따라 선형적으로 빛을 생성하며, 이들이 모여 전체적으로는 무편광 상태를 만든다.

5. 이중성의 통합적 이해

해례이론은 빛의 파동성과 입자성을 별개의 상보적 특성이 아닌, 동일한 현상의 거리별 표현으로 재해석한다. 근거리에서는 전자가 실제로 발산되어 입자적 특성을 보이고, 원거리에서는 전자가 소멸하여 공간 출렁거림만 남아 파동적 특성을 보인다.

근거리에서의 이중성: 전지 발산과 공간 출렁거림이 함께 관측되어 입자–파동 이중성으로 나타난다. 광전효과나 컴프턴 산란과 같은 현상에서는 전자의 입자적 특성이 주로 관측된다.

원거리에서의 파동성: 대부분의 전자가 소멸하고 공간 출렁거림만 남아 순수한 파동 특성만 관측된다. 태양빛의 간섭이나 회절 현상이 이에 해당한다.

거리별 전환 과정: 이중성의 역설은 실제로는 거리에 따른 점진적

전환 과정이다. 전자의 소멸과 공간 출렁거림의 잔존이라는 단일 메커니즘으로 모든 광학 현상을 일관되게 설명할 수 있다.

예를 들어, 이중슬릿 실험에서 관찰되는 간섭 무늬는 공간 출렁거림들의 상호작용 결과이며, 광전효과에서 관찰되는 입자적 행동은 근거리에서 전자 발산의 직접적 특성 때문이다. 두 현상 모두 동일한 근본 메커니즘에서 비롯된다는 점에서, 이중성의 역설은 해소된다.

빛의 본질에 대한 해례이론적 이해는 현대 물리학이 제기하는 여러 미스터리한 현상들에 대한 직관적 설명을 제공한다. 양성자의 회전으로 인한 전자의 생성과 근거리 발산, 그리고 원거리에서의 공간 출렁거림으로의 변환이라는 단일 메커니즘을 통해, 파동-입자 이중성, 매질 없는 전파, 간섭과 회절 등의 현상을 일관된 틀 안에서 설명할 수 있다.

특히 '마루만 존재하는 파동' 개념과 '거리별 특성 변환' 모델은 빛의 본질에 대한 새로운 통찰을 제공하며, 물리학의 수학적 형식주의를 넘어 직관적으로 이해 가능한 메커니즘을 제시한다.

제3부

시공간의 재발견
– 상대성의 새로운 얼굴

8장. 광속 불변의 함정: 아인슈타인이 놓친 것

1. 맥스웰의 전자기파와 광속의 등장

19세기 중엽, 제임스 클러크 맥스웰은 전자기 현상을 통합하는 위대한 업적을 이룩하였다. 그는 전기장과 자기장의 상호작용이 파동형태로 전파될 수 있음을 밝혔고, 그 전파 속도는 유전율(ε_0)과 투자율(μ_0)이라는 두 상수로 결정된다는 결론에 도달했다.

$$c = 1 / \sqrt{(\varepsilon_0 \mu_0)}$$

놀랍게도 이 값은 실험적으로 측정된 빛의 속도와 정확히 일치했다. 이는 곧 빛이 전자기파라는 사실을 강하게 뒷받침하는 결과였으며, 전자기학은 이론적으로도 빛의 본질을 설명할 수 있게 되었다.

하지만 여기서부터 문제가 시작되었다. ε_0와 μ_0는 실험을 통해 측정된 물리 상수이며, 그 조합으로 나온 광속 c 또한 자연스럽게 상수로 취급되었다. 그런데 이 상수가 "모든 관성계에서 동일하게 관측되는가?"라는 질문은 여전히 열려 있는 상태였다. 즉, 맥스웰 방정식이 제시한 c는 수학적 결과였지, 물리적 검증을 거친 보편 원리는 아니었던 것이다.

이에 따라 맥스웰 방정식은 에테르라는 가상의 매질을 전제로 삼고 있었다. 빛은 전자기파이며, 어떤 형태로든 그것이 전파되는 '배경'이 필요하다고 보았기 때문이다. 하지만 1887년 마이컬슨-몰리 실험은 이 에테르를 검출하지 못했고, 이는 광속이 모든 방향에서 동일하다는 결론으로 이어졌다.

문제는 이 결론이 '광속 불변'이라는 전제를 강제하며, 그 이후의 물리학적 선택을 제한하게 된다는 점이었다. 이처럼 맥스웰의 전자기파 이론은 한편으로는 과학의 위대한 승리였지만, 다른 한편으로는 이후 물리학이 빠져들게 될 '광속 절대성'이라는 함정의 출발점이기도 했다.

2. 로렌츠 변환과 수학적 보정의 의미

마이컬슨-몰리 실험 이후, 과학자들은 왜 지구의 공전 속도에 따라 광속이 달라지지 않는지를 설명할 방법을 찾고 있었다. 이 문제에 가장 먼저 수학적으로 접근한 인물이 네덜란드의 헨드릭 로렌츠였다. 그는 전자기 방정식의 불변성을 유지하기 위해 좌표계의 시간과 공간을 변환하는 수학적 기법을 고안했다. 이 과정에서 탄생한 것이 바로 로렌츠 변환이다.

로렌츠는 움직이는 물체의 시간과 길이가 변화한다고 가정함으로써, 광속의 불변을 수학적으로 보장할 수 있었다. 그의 핵심 수식은 다음과 같다.

$$\gamma = 1 / \sqrt{(1 - v^2 / c^2)}$$

이는 고속으로 움직이는 물체의 시간 t가 정지 기준계의 시간 t_0보다 느리게 흐르고, 길이 L이 줄어들며, 질량이 증가한다는 결론을 낳는다. 그러나 로렌츠 자신은 이러한 결과가 물리적 실재를 반영한다고 확신하지 못했다. 그는 이를 단지 수학적 보정에 불과하다고 보았고, 물리적 본질에 대한 해석은 유보하였다.

즉, 로렌츠의 공식은 후대에서 해석된 바와는 다르게, 애초부터 '시공간 변화의 실재성'을 주장한 것이 아니라, 전자기 방정식의 수학적 일관성을 유지하기 위한 보정기술에 불과했다. 이것은 이후 아인슈타인의 해석과는 철학적으로 매우 다른 출발점을 의미한다.

아인슈타인의 등장과 패러다임의 전환

1905년, 젊은 특허청 공무원 알베르트 아인슈타인이 물리학계에 혁명적 논문을 발표했다. 그의 특수상대성이론은 로렌츠의 수학적 보정을 근본적으로 재해석했다. 아인슈타인은 광속불변을 물리학의 기본 원리로 격상시켰고, 시간과 공간의 절대성을 부정했다.

당시 사회적 분위기는 이러한 혁신적 사고를 받아들일 준비가 되어 있었다. 19세기 말의 물리학은 뉴턴 역학의 완성으로 모든 것이 해결된 듯 보였지만, 흑체복사 문제, 광전효과, 그리고 마이컬슨–몰리 실험의 음의 결과 등 설명되지 않는 현상들이 누적되고 있었다. 과학계는 새로운 돌파구를 갈망하고 있었고, 아인슈타인의 이론은 이러한 시대적 요구에 부응하는 것처럼 보였다.

특히 아인슈타인의 이론이 각광받은 이유는 그것이 단순히 수학적 해법이 아니라 철학적 세계관의 전환을 제시했기 때문이다. 시간과 공간의 절대성에 의존하던 기존 물리학에서 벗어나, 관측자에 따라 상대적인 새로운 물리학을 제안한 것이다. 이는 당시 사회의 상대주의적 사조와도 맞물리며 폭넓은 지지를 받았다.

3. 빛시계 사고실험의 구조적 오류와 진실

사고실험의 전제와 현실적 문제점

특수상대성 빛시계 사고실험

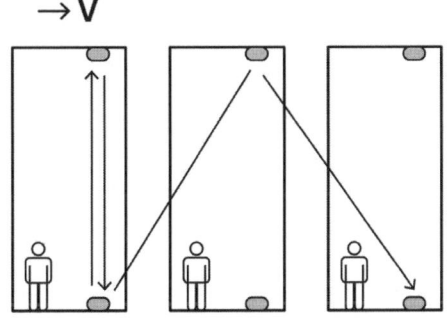

빛시계 사고실험은 특수상대성이론을 설명하는 대표적인 사고실험으로 자주 인용된다. 이 실험에서는 로켓 내부의 광원이 수직 방향으로 빛을 발사하고, 그것이 천장에 도달하여 반사되어 되돌아오는 경로를 따라 '왕복 시간'을 측정한다고 한다. 그러나 이 설정에는 치명적인 구조적 오류가 존재한다.

실험에서 가정하는 '빛의 수직 발사'는 실제로 로켓이 운동 중일 때 불가능하다. 왜냐하면 빛은 발사된 이후 외력이 작용하지 않는 한 직진하기 때문이다. 따라서 수직으로 발사된 빛은 로켓이 움직이는 동안 천장의 목표 위치에 도달할 수 없다. 이 경우, 천장에서는 빛이 도달하지 않는 결과가 발생하게 된다. 즉, 사고실험 자체가 현실적으로 성립하지 않는 것이다.

파동의 전파 특성을 이해하는 데 있어 중요한 것은, 파동의 속도가 그것을 발생시킨 파원의 운동 상태와 무관하다는 점이다. 예를 들어, 평면 수면 위에 물결을 일으킬 경우, 그 파동은 파원의 위치에서 등속으로 원형 확산한다. 이때 파원이 정지해 있었는지, 일정한 속도로 움직이고 있었는지는 전파 속도에 아무런 영향을 주지 않는다. 이는 파동이 '파원이 있던 자리'를 기점으로 스스로의 속도로 전개되는 구조적 성질 때문이다.

빛 또한 이와 같은 성질을 공유한다. 광원이 운동 중이든 정지해 있든, 빛은 그것이 방출된 순간의 지점으로부터 일정한 속도—즉, 광속 c로 직진한다. 이는 빛이 질량을 가지지 않고, 따라서 물질과 같은 방식의 관성 운동을 하지 않기 때문이다. 다시 말해, 빛은 '운동하는 물체'로서의 특성이 아니라 '파동 현상'으로서의 성격에 의해 그 속도가 결정된다.

이와 같은 파동론적 직관을 갖춘 상태에서 특수상대성이론을 다시 바라보면, 그 출발점에 하나의 인식적 전도가 자리하고 있음을 발견하게 된다. 특수상대성이론은 빛의 이러한 관성초월적 특성을 제대로 반영하지 못한 채, 관측자의 상대운동에 따라 빛의 경로가 사선으로 변경된다는 전제하에, 시간지연(time dilation)과 같은 결론을 이끌어 낸다. 이러한 결론은 결국, 파동의 발생지 기준으로 직진하는 빛을 '관측자의 기준선에 맞춰 재해석'하는 과정에서 생긴 왜곡이다.

즉, 빛은 원래 경로를 바꾸지 않음에도 불구하고, 관측자가 움직이고 있다는 이유로 그 궤적을 사선으로 보정하고, 그 결과를 시간 변화로 연결한 것이 특수상대성이론의 해석 구조인 것이다. 이는 파동이 지닌 본래의 출발성(起點性)을 부정한 데서 비롯된 것으로, 결국 광속불변이라는 원리가 공리로 도입될 수밖에 없었던 배경이 된다. 하지만 광속불변은 공리가 아니라, 빛이 '무관성 파동'이라는 사실에 따른 귀결이며, 파동 일반의 성질로부터 자연히 도출되는 결과이다.

4. 피타고라스 정리로부터의 재해석

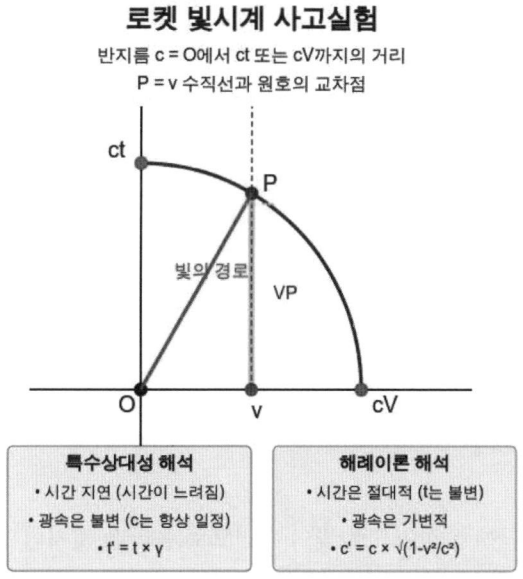

로켓 빛시계 사고실험

반지름 c = O에서 ct 또는 cV까지의 거리
P = v 수직선과 원호의 교차점

ct

P

빛의 경로   VP

O   v   cV

특수상대성 해석	해례이론 해석
• 시간 지연 (시간이 느려짐)	• 시간은 절대적 (t는 불변)
• 광속은 불변 (c는 항상 일정)	• 광속은 가변적
• t' = t × γ	• c' = c × √(1-v²/c²)

반면, 실질적으로 관측 가능한 상황은 다이어그램 형태처럼 처음부터 사선으로 빛이 발사되는 경우다. 광원에서 수직으로 발사된 빛이 아니라, 광원의 운동을 고려한 방향으로 이미 경사진 형태로 빛이 발사되어야만 한다. 이러한 전제를 두어야만 실질적인 반사와 왕복이 가능해지며, 이 경우 수직거리 d는 더 이상 빛의 경로와 일치하지 않게 된다.

핵심 원리: 빛의 직진성

빛은 관성이 없으므로 항상 직진한다. 중요한 것은 빛이 실제로 천장의 거울에 도달해야 한다는 점이다. 로켓이 움직이는 동안 천장도 함께 이동하므로, 빛은 움직인 천장 위치에 도달해야 한다.
하지만 빛은 $o-ct$를 반지름으로 하는 원호상 p점에 도달한다.

빛의 실제 경로

출발: O점(로켓 바닥)
도착: 이동한 로켓의 원호상 p점
실제 이동거리: 사선 경로

로켓 내부 관측자의 인식

로켓과 함께 움직이므로 빛이 수직으로 올라간 것처럼 관측

측정된 거리: 수직 거리 vp(t')

이는 상대적 관측 결과이지만 그들에게는 물리적 현실

기하학적 분석: 피타고라스의 등장

앞 절에서 밝힌 바와 같이, 빛은 항상 직진하며, 로켓이 운동 중일 때 수직 방향의 목표 지점에 도달하려면 광원 자체가 사선 방향으로 빛을 발사해야만 한다. 이 상황은 직각삼각형의 구도로 해석될 수 있으며, 피타고라스 정리에 따라 다음의 관계가 성립한다.

직각삼각형 구성:

빗변: ct(빛의 실제 이동거리, c는 광속, t는 시간)

밑변: v(로켓의 수평 이동거리, v는 로켓 속도)

높이: t'(로켓 내부에서 측정한 수직거리)

피타고라스 정리 적용: 빗변^2=밑변^2+높이^2

$$op(c)2 = v2 + t'2$$

피타고라스 정리 적용:

$c^2 = v^2 + t'^2$ 이를 다시 정리하면, $t' = \sqrt{(c^2 - v^2)}$

이 식의 양변을 $\sqrt{c^2}$으로 나누면 $t'/c = \sqrt{(1 - v^2/c^2)}$

이에 역수를 취하면 로렌츠 인수가 도출된다.

실제 광속과 관측 광속의 비율:

$$\gamma = 1/\sqrt{(1 - v^2/c^2)}$$

이것이 바로 로렌츠 인수이다.

즉 이 식에서 나타나는 물체의 속도에 대한 광속의 변화는 삼각함수 표의 사인값에 대한 비율 수치와 정확히 같다.

이러한 유도 과정은 로렌츠 변환이 수학적으로는 피타고라스 정리의 결과와 동일하다는 점을 보여 준다. 그러나 해석은 전혀 다르다.

여기서 중요한 점은 t'를 시간으로 지정한 데 있다. 하지만 물리적 실체는 c' 즉 광속이 변화했다는 것이다.

피타고라스 정리는 단순히 거리의 기하학적 관계를 다룰 뿐이며, 그것이 시간의 '느려짐'이라는 개념과 연결되어야 할 필연성은 없다.

혁명적 통찰: 단순한 비율 관계

로렌츠 인수의 진정한 의미:

γ = 실제 경로/관측 경로 = $ct/d = 1/\sqrt{(1-v^2/c^2)}$

이는 신비로운 시공간 효과가 아니라

움직이는 계에서 빛의 실제 경로와 관측된 경로의 비율

순수한 기하학적 관계 피타고라스 정리의 직접적 결과

5. 물리학사의 분기점: 두 가지 선택

갈림길에 선 물리학

물리학은 19세기 말 중요한 선택의 기로에 서 있었다. 동일한 수식이더라도 해석은 전혀 다른 두 이론을 가능하게 했다. 하나는 아인슈타인의 상대성이론, 다른 하나는 갈릴레이 변환 기반의 해례이론이다.

갈릴레이 변환의 길(해례이론)
시간은 절대적, 광속은 관성계에 따라 가변적, 단순한 기하학으로 모든 현상 설명 가능

로렌츠 변환의 길(아인슈타인의 선택)
광속은 불변, 시간과 공간은 상대적, 복잡한 4차원 시공간 기하학 필요

선택의 결과
아인슈타인이 광속불변을 선택함으로써 간단한 피타고라스 관계가 복잡한 민코프스키 기하학으로 변모

메트릭 부호($-$, $+$, $+$, $+$)와 텐서 계산의 도입
물리학의 불필요한 수학적 복잡화
이 상황에서 외부 관찰자는 '빛의 경로가 길어졌다'고 해석하고, 그

결과 '시간이 느려졌다'는 결론에 도달한다. 그러나 내부에서는 단지 광속이 느려졌을 뿐이며, 시간 자체는 절대적인 기준으로 동일하게 흐른다.

즉, 상대성 이론에서 말하는 시간 지연은 단지 관측자에 따른 해석의 차이일 뿐, 실질적 변화가 아니다. 이러한 관점은 물리적 직관과도 부합하며, 복잡한 수학적 왜곡 없이도 동일한 관측 결과를 설명할 수 있다.

6. 현실 속의 빛시계: 우리가 사는 세계

놀라운 사실: 우리는 현재 이 빛시계 실험의 로켓 안에서 살고 있다.

지구는 우주의 절대정지 좌표계에 대해 약 초속 370km로 움직인다. 지상 실험실에서 "수직으로" 발사한 빛은 실제로는 비스듬한 경로를 따른다. 하지만 우리에게는 수직으로 관측된다. 우리도 지구와 함께 움직이기 때문이다.

이것이 로켓 내부 관찰자가 경험하는 물리적 현실이다. 착각이 아니라 그들의 좌표계에서는 진정한 현실이다.

더 깊은 통찰: 등가원리와의 연결

빛시계 실험에서 도출된 관계식은 놀라운 연결을 보여 준다.

가속도와 중력의 관계: 빠른 속도 → 관측되는 빛의 속도 감소:

$$c_{eff} = c - \gamma\beta\eta\omega^2 R$$

강한 중력 → 빛의 속도 감소(일반상대성이론의 예측)

두 현상이 수학적으로 동일한 형태를 보인다는 것은 우연이 아니다. 이는 더 깊은 물리적 통일성을 암시한다.

수학이 아닌 물리로 돌아가야 할 때

로켓 빛시계 사고실험은 지난 100여 년간 특수상대성이론의 상징적인 도구로 사용되어 왔다. 그러나 이 실험의 전제는 광속 불변이라는 선택 위에 세워진 것이며, 그에 따라 시간 지연이라는 개념이 도출되었다.

우리는 이 전제가 기하학적으로 어떻게 대체 가능한지를 밝혔고, 피타고라스 정리만으로도 동일한 수학적 결과를 얻을 수 있음을 보였다.

핵심 메시지

현대 물리학이 100년간 복잡한 수학적 형식주의로 포장해 온 로렌츠 인수는 사실 중학교 수준의 기하학적 관계에 불과했다.

로렌츠 인수 = 기하학적 비율 관계

특수상대성이론 = 좌표계 변환 문제

복잡한 4차원 수학 = 불필요한 과잉 해석

더 중요한 것은 해석의 문제다. 동일한 수학적 결과라도, 그 해석이

'시간의 상대성'과 '광속의 가변성'이라는 두 가지 전혀 다른 철학적 관점을 낳는다. 해례이론은 후자를 택한다. 시간은 절대적이며, 변화하는 것은 관성계에 따라 달라지는 광속이라는 물리량이다.

물리학은 수학의 종속물이 아니다. 해례이론에서 광속 가변성은 방 구조 내 회전 에너지와 관측자 간의 상호작용 강도에 따른 자연스러운 결과이다. 오히려 수학은 자연을 설명하기 위한 도구일 뿐이다.

로렌츠 인수가 피타고라스 정리로부터 유도될 수 있다는 사실은, 시공간 기하학이라는 수학적 구조가 반드시 시간과 공간의 본질적 변화로 해석될 필요는 없다는 것을 보여 준다.

물리학의 진정한 아름다움은 복잡함이 아니라 단순함에 있다. 자연의 가장 깊은 법칙들은 가장 간단한 수학으로 표현된다. 빛시계 실험이 보여 주는 것은 바로 이러한 자연의 단순함이다.

해례이론은 이 선택을 다시 되묻는다.

시간의 본질은 무엇인가?

관측이 실재를 바꾸는가?

복잡함이 진실을 가리는 장막은 아닌가?

수직으로 발사된 빛이 로켓의 천장에 닿기 위해서는 사선으로 진행해야만 한다는 단순한 사실은, 실험의 전제가 잘못 설정되어 있었음을 드러낸다.

결국 물리학은 자연을 이해하기 위한 학문이다. 해석은 단순할수록 좋고, 수식은 직관에 가까울수록 진실에 닿는다. 해례이론은 이 원칙에 입각해, 수학의 숲을 지나 물리의 나무를 다시 바라보려는 시도이다.

피타고라스에서 출발해 상대성의 신화를 걷어 내는 이 여정은, 단지 한 장의 사고실험에 그치지 않고, 물리학의 근본을 다시 묻는 길이 될 것이다.

9장. 절대성을 찾아서: 진정한 기준계

인류는 오랫동안 변하지 않는 기준점을 찾아왔다. 고대인들은 북극성을 중심으로 하늘이 도는 것을 보며 우주의 중심을 상상했고, 뉴턴은 절대공간과 절대시간이라는 무대를 설정했다. 그러나 20세기에 들어 아인슈타인은 이 모든 절대성을 부정했다. 모든 운동은 상대적이며, 시간마저도 관측자에 따라 다르게 흐른다는 것이다.

하지만 정말 우주에는 절대적인 기준이 없는 것일까? 모든 것이 상대적이라면, 우주는 어떻게 그토록 정교한 질서를 유지할 수 있을까? 양자 얽힘은 어떻게 즉각적으로 일어나며, 우주 배경 복사는 왜 특정한 패턴을 보이는가?

해례이론은 잃어버린 절대성을 복원한다. 절대시간과 절대정지라는 개념을 통해, 우주에는 여전히 특권적 기준계가 존재한다고 주장한다. 이는 단순한 철학적 복고가 아니다. 현대 천문학과 양자물리학의 최신 발견들이 오히려 이러한 절대성의 존재를 시사하고 있다.

이 장에서는 우주의 숨겨진 기준계를 찾아가는 여정을 시작한다. 빛의 본질에서 출발하여, 절대정지를 검증할 수 있는 실험을 거쳐, 우주 전체의 구조 속에 숨어 있는 절대적 기준의 증거들을 추적해 나갈 것이다.

시간은 무엇인가?

시간에 대한 가장 유명한 질문은 성 아우구스티누스의 것이다. "시간이란 무엇인가? 아무도 묻지 않으면 나는 안다. 하지만 누군가 묻는다면, 나는 모른다." 이 역설적 고백은 시간의 본질적 신비를 잘 드러낸다.

뉴턴에게 시간은 절대적이고 균일하게 흐르는 것이었다. 우주의 모든 곳에서 동일한 속도로 흘러가는 보편적 척도. 이는 우리의 직관과도 일치한다. 내가 여기서 경험하는 1초와 당신이 저기서 경험하는 1초는 같아야 한다.

그러나 아인슈타인은 이 직관을 뒤집었다. 시간은 관측자의 운동 상태에 따라 다르게 흐른다. 빠르게 움직이는 시계는 느리게 간다. 강한 중력장에서도 시간은 느려진다. 이는 단순한 이론이 아니라 실험적으로 확인된 사실이다.

하지만 해례이론은 묻는다. 정말로 시간이 느려진 것일까? 아니면 시계가 느려진 것일까?

시계와 시간의 구분

시계는 시간을 측정하는 도구다. 진자의 주기, 원자의 진동, 빛의 왕복 등 반복적인 물리 현상을 이용해 시간의 흐름을 계량한다. 그런데 만약 이러한 물리 현상 자체가 운동이나 중력에 의해 영향을 받는다면?

해례이론은 시간과 시계를 엄격히 구분한다.

T_abs = 일정(모든 기준계에서 동일)

$t\_measured = T\_abs \times f(v, \Phi\_gravity, \Phi\_absolute)$

시간은 존재의 연속성을 나타내는 절대적 척도이며, 시계는 이를 측정하려는 물리적 장치일 뿐이다. 운동하는 원자시계가 느리게 가는 것은 시간이 느려진 것이 아니라, 원자의 진동이 운동에 의해 영향받은 것이다.

이는 온도가 오르면 진자시계가 느려지는 것과 같은 원리다. 우리는 여름에 시간이 느리게 흐른다고 말하지 않는다. 단지 시계의 메커니즘이 온도의 영향을 받았을 뿐이다.

절대시간의 물리적 의미

해례이론에서 절대시간은 단순한 철학적 개념이 아니다. 이는 물리적 실재를 가진 우주의 근본 구조다. 모든 존재는 이 절대시간의 틀 안에서 변화하고 상호작용한다.

절대시간의 존재는 여러 물리 현상을 더 명확하게 설명한다:

양자 얽힘: 아무리 멀리 떨어진 입자들도 순간적으로 상관관계를 보인다. 이는 절대적 동시성이 존재할 때만 가능하다. 상대적 시간 개념으로는 '동시'라는 말 자체가 정의되지 않는다.

파동함수 붕괴: 양자 측정에서 파동함수는 전 우주에 걸쳐 동시에 붕괴한다. 이 '동시'는 절대시간의 틀에서만 의미를 갖는다.

인과관계: 원인과 결과의 순서는 절대적이어야 한다. 상대적 시간

에서는 관측자에 따라 인과관계가 뒤바뀔 수 있다는 역설이 발생한다.

우주적 동시성의 증거

절대시간의 가장 강력한 증거는 우주 자체의 구조에서 발견된다. 우주 배경 복사(CMB)는 빅뱅 후 약 38만 년 시점의 우주 상태를 보여 준다. 놀랍게도 이 복사는 우주 전체에 걸쳐 거의 균일하다. 온도 차이는 10만분의 1 수준에 불과하다.

이러한 균일성은 우주의 서로 다른 지역들이 어떤 방식으로든 '동기화'되어 있음을 시사한다. 인플레이션 이론은 이를 설명하려 하지만, 더 근본적인 설명은 절대시간의 존재일 수 있다. 우주 전체가 동일한 시간 속에서 진화했기에 이러한 균일성이 가능한 것이다.

또한 은하들의 대규모 구조, 우주의 나이 추정, 원소의 생성 비율 등 모든 우주론적 관측은 우주 전체가 하나의 통일된 시간 틀 안에서 진화했음을 강하게 시사한다.

시간 측정의 한계와 본질

우리가 시간을 측정할 때 사용하는 모든 방법은 물리적 과정에 의존한다. 세슘 원자의 진동, 펄서의 주기, 지구의 자전 등. 그런데 이 모든 과정은 물리적 조건에 따라 변할 수 있다.

GPS 위성의 시계 보정이 좋은 예다. 위성의 시계는 지상보다 빠르게 간다. 상대성이론은 이를 시간 지연과 중력적 시간 팽창으로 설명한다. 그러나 해례이론은 이를 원자 진동수의 변화로 본다. 중력과 운동이 원자의 물리적 특성에 영향을 미친 것이지, 시간 자체가 변한 것은 아니다.

이러한 관점은 블랙홀 주변의 극단적인 시간 지연도 재해석하게 한다. 사건의 지평선 근처에서 시간이 멈추는 것이 아니라, 모든 물리적 과정이 극도로 느려지는 것이다. 시간은 여전히 흐르지만, 그것을 측정할 수 있는 어떤 과정도 진행되지 않는다.

절대시간과 상대론의 화해

절대시간 개념이 상대성이론과 완전히 모순되는 것은 아니다. 오히려 상대성이론의 많은 예측을 다른 방식으로 설명할 수 있게 한다.

쌍둥이 역설을 예로 들어 보자. 우주여행을 다녀온 쌍둥이가 더 젊다는 것은 실험적 사실이다. 상대성이론은 이를 시간 지연으로 설명한다. 해례이론은 이를 생물학적 과정의 속도 차이로 설명한다. 고속 운동과 가속이 세포 분열, 신진대사 등 모든 생물학적 과정을 느리게 만든 것이다.

그러나 이것이 상대성이론에서 말하는 시간 지연과 동일한 효과를 의미하는 것은 아니다. 해례이론에서 절대시간은 변하지 않는다. 실제로는 고속 운동과 가속으로 인한 물리적 스트레스가 생물학적 과정에 미치는 영향으로, 기껏해야 몇 초 정도의 차이에 불과하다. 이는 장거리 비행 후 느끼는 피로감과 유사한 수준의 생리적 변화이다.

결과는 같지만 해석이 다르다. 그리고 이 해석의 차이는 단순한 말

장난이 아니다. 이는 우주의 본질, 특히 양자역학과의 통합 가능성에 큰 영향을 미친다.

운동의 기준점

갈릴레이 이래로 물리학은 절대적 운동을 부정해 왔다. 등속 운동하는 기차 안에서는 자신이 움직이는지 정지해 있는지 알 수 없다. 모든 운동은 상대적이며, 특별한 기준계는 없다는 것이 상대성 원리다.

그러나 이 원리에도 예외가 있다. 가속 운동은 절대적으로 감지할 수 있다. 회전하는 물통 속의 물은 표면이 오목해진다. 이는 뉴턴이 절대공간의 증거로 제시한 유명한 예다. 마흐는 이를 우주 전체에 대한 상대적 운동으로 해석했지만, 여전히 의문은 남는다.

해례이론은 우주에 특권적 기준계가 존재한다고 본다. 이는 에테르와 같은 물질적 매질이 아니라, 우주의 에너지 구조가 만들어내는 기준계다. 빛의 출현 패턴, 양자 현상의 통계적 분포, 우주 배경 복사의 등방성 등이 모두 이 기준계의 존재를 시사한다.

빛의 출현과 절대정지

해례이론에서 빛은 단순히 이동하는 파동이나 입자가 아니다. 빛은 공간에 '출현'하는 에너지 구조다. 마치 물결이 물 위에 나타나듯, 빛은 공간의 구조 위에 나타난다.

이러한 관점에서 빛의 출현 방향은 절대적 의미를 갖는다. 관측자가 움직이더라도 빛의 출현 패턴은 변하지 않는다. 변하는 것은 관측자가 이 패턴을 보는 각도뿐이다.

이는 별빛의 수차 현상을 새롭게 해석하게 한다. 지구가 공전하면서 별의 위치가 미세하게 변하는 이 현상은, 지구가 절대공간에 대해 움직이고 있음을 보여 준다. 상대성이론은 이를 상대적 운동으로 설명하지만, 해례이론은 절대적 운동의 증거로 본다.

수직광자 직격 실험

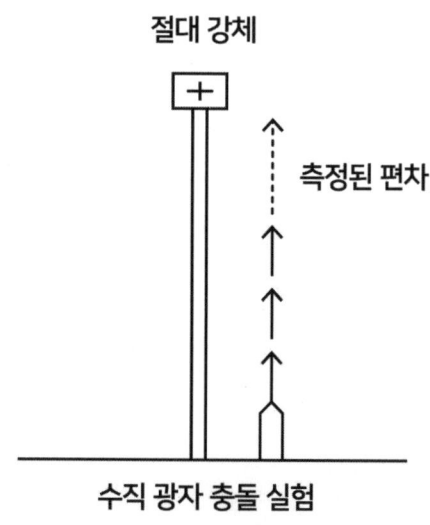

수직 광자 충돌 실험

해례이론이 제안하는 가장 직접적인 절대정지 검증법은 '수직광자 직격 실험'이다. 이 실험의 원리는 간단하지만 심오하다.

실험 장치: 수직으로 세운 강체 막대의 바닥에 광원을, 천장에 표적

124

을 설치한다.

보정: 정지 상태에서 광자가 정확히 표적 중앙을 맞추도록 조정한다.

측정: 단일 광자를 발사하여 표적의 어느 지점에 도달하는지 측정한다.

해석: 광자가 중앙을 벗어났다면, 장치가 절대공간에 대해 움직이고 있는 것이다.

$$\Delta x = v\_abs \times h/c$$

여기서 v_abs = 절대속도, h = 높이, c = 광속

이 실험의 핵심은 단일 광자를 사용해야 한다는 점이다. 연속적인 광자 흐름을 사용하면, 광원과 표적이 함께 움직이므로 마치 움직이는 기차 안에서 공을 위로 던지는 것처럼 상쇄효과가 발생한다.

현대의 단일 광자 발생 및 검출 기술은 이 실험을 충분히 가능하게 한다. 양자광학 실험실에서는 이미 단일 광자를 정밀하게 다루고 있다.

실험의 예상 결과

만약 이 실험이 수행된다면, 해례이론은 다음과 같은 결과를 예측한다:

지구 표면에서: 광자는 표적 중앙에서 벗어날 것이다. 지구는 자전, 공전, 태양계의 은하 운동 등 복합적인 운동을 하고 있기 때문이

다. 편차의 방향과 크기는 실험 위치와 시간에 따라 달라질 것이다.

우주 공간에서: 다양한 위치에서 실험하면, 특정 지점에서 광자가 거의 정확히 중앙을 맞출 것이다. 이 지점이 바로 절대정지에 가까운 상태다.

시간에 따른 변화: 지구의 자전과 공전에 따라 편차가 주기적으로 변할 것이다. 이는 절대운동의 방향과 속도를 계산할 수 있게 한다.

우주 배경 복사와의 연관성

흥미롭게도, 현대 천문학은 이미 일종의 절대기준계를 발견했다. 바로 우주 배경 복사(CMB)다. 지구는 CMB에 대해 약 $370km/s$의 속도로 움직이고 있으며, 이는 CMB의 쌍극자 이방성으로 관측된다.

$$v\_abs = (\Delta T/T\_CMB) \times c = 370km/s$$

해례이론의 관점에서, CMB 정지계는 우주의 절대정지계와 밀접한 관련이 있을 것이다. 수직광자 실험의 결과는 CMB 쌍극자 이방성과 상관관계를 보일 것으로 예상된다.

이는 단순한 우연이 아니다. CMB는 우주 초기의 에너지 분포를 보여 주며, 이는 해례이론에서 말하는 우주의 기본 에너지 구조와 직결된다.

관성의 기원 재고찰

마흐의 원리는 관성이 우주 전체의 물질 분포에 의해 결정된다고 본다. 물체가 가속에 저항하는 것은 멀리 있는 별들의 영향 때문이라는 것이다.

해례이론은 이를 더 구체화한다. 관성은 절대정지 기준계에 대한 운동 상태를 유지하려는 경향이다. 물체가 가속될 때 느끼는 관성력은 절대기준계에 대한 가속의 결과다.

이 관점에서 원심력과 코리올리 힘은 절대회전의 직접적 증거가 된다. 지구의 자전이 만들어 내는 코리올리 효과, 은하의 회전이 만드는 나선 구조 등은 모두 절대공간에 대한 회전 운동의 결과다.

절대정지와 에너지 보존

에너지 보존 법칙은 물리학의 가장 근본적인 원리 중 하나다. 그런데 일반상대성이론에서는 우주 전체의 에너지를 정의하기 어렵다는 문제가 있다. 팽창하는 우주에서 에너지는 보존되는가?

해례이론의 절대정지 개념은 이 문제에 명확한 답을 제공한다. 절대기준계에서 측정한 에너지가 진정한 에너지이며, 이는 엄격히 보존된다. 적색편이로 인한 광자 에너지 감소는 실제 에너지 손실이 아니라, 관측 효과일 뿐이다.

GPS 시스템의 재해석

GPS는 상대성이론의 성공적 응용으로 여겨진다.

측정된 $f = f_0(1 - 2c2v2)(1 + c2\phi)(1 + v$절대 · 효과$)$

127

위성 시계는 특수상대성 효과로 느려지고, 일반상대성 효과로 빨라진다. 두 효과를 합치면 하루 38마이크로초의 보정이 필요하다.

그러나 해례이론은 다른 설명을 제공한다.

운동 효과: 위성의 고속 운동은 원자시계의 진동수를 변화시킨다.

중력 효과: 약한 중력장에서 원자 진동이 더 빠르다.

절대운동: 지구와 위성의 절대운동 차이가 추가적 보정을 필요로 한다.

실제로 GPS 시스템은 예상보다 복잡한 보정을 필요로 한다. 이론적 예측과 실제 필요한 보정 사이의 미세한 차이는 절대운동 효과의 증거일 수 있다.

파이오니어 이상 현상

파이오니어 10호와 11호는 예측보다 태양 쪽으로 약간 더 감속했다. 이 미스터리한 현상은 여러 설명이 제시되었지만, 완전히 해결되지 않았다.

해례이론은 이를 절대공간 효과로 해석할 수 있다. 태양계가 절대공간에 대해 움직이고 있다면, 이는 탐사선의 궤도에 미묘한 영향을 미칠 수 있다. 특히 태양계 가장자리에서 이 효과가 더 뚜렷해질 수 있다.

플라이바이 이상 현상

여러 우주선이 지구 근처를 지날 때 예측과 다른 속도 변화를 보였다. 이 플라이바이 이상 현상 역시 미해결 문제다.

해례이론의 관점에서, 이는 지구의 절대운동과 관련 있을 수 있다. 우주선이 지구 근처를 지날 때, 지구의 절대운동이 만드는 비대칭적 효과가 궤도에 영향을 미치는 것이다.

은하 회전 속도 문제

은하의 회전 속도는 중심에서 멀어져도 거의 일정하다. 이는 뉴턴 역학으로 설명되지 않아 암흑물질이 도입되었다.

해례이론은 대안을 제시한다. 은하 전체가 절대공간에 대해 회전할 때, 그 회전이 만드는 효과가 중력에 추가될 수 있다. 이는 MOND 이론과도 부분적으로 연결되지만, 더 근본적인 메커니즘을 제시한다.

우주론적 관측의 재해석

적색편이, 우주 팽창, 암흑에너지 등 현대 우주론의 핵심 개념들도 절대기준계 관점에서 재해석될 수 있다.

적색편이: 팽창하는 공간이 아니라, 절대시간 속에서 에너지 밀도가 감소하는 효과일 수 있다.

우주 상수 문제: 진공 에너지의 관측값과 이론값의 엄청난 차이는, 절대기준계를 고려하지 않은 계산의 오류일 수 있다.

구조 형성: 은하단과 초은하단의 대규모 구조는 절대공간의 에너지 분포 패턴을 반영할 수 있다.

철학적 함의와 패러다임 전환 라이프니츠와 뉴턴의 논쟁 재조명

17세기 라이프니츠와 뉴턴의 논쟁은 공간의 본질에 관한 것이었다. 뉴턴은 절대공간을, 라이프니츠는 관계론적 공간을 주장했다. 아인슈타인은 라이프니츠 편에 섰지만, 일반상대성이론의 시공간은 오히려 실체적 성격을 갖는다.

해례이론은 이 논쟁에 새로운 관점을 제시한다. 공간은 관계론적이지도, 단순한 용기도 아니다. 공간은 에너지의 구조적 배열이며, 절대정지는 이 구조의 기준 상태다.

동양 철학과의 만남

흥미롭게도 절대시간과 절대정지 개념은 동양 철학의 시간관과 유사점이 있다. 불교의 '찰나' 개념, 도교의 '무위' 사상은 변화 속의 불변, 운동 속의 정지를 말한다.

해례이론의 절대정지는 단순한 부동이 아니다. 이는 모든 운동의 기준이 되는 역동적 평형 상태다. 마치 태극의 중심처럼, 모든 변화의 중심에 있는 고요함이다.

인과율과 자유의지

절대시간의 복원은 인과율을 명확하게 한다. 원인은 항상 결과보다 먼저이며, 이 순서는 절대적이다. 이는 물리적 결정론을 강화하는 것처럼 보일 수 있다.

그러나 양자역학과의 통합은 새로운 가능성을 연다. 절대시간 속에서도 양자적 불확정성은 존재하며, 이는 자유의지의 물리적 기반이 될 수 있다.

과학적 실재론의 부활

현대 물리학은 점점 더 추상화되고 있다. 파동함수, 가상입자, 여분 차원 등은 직접 관측되지 않는 수학적 구성물이다. 이는 과학이 실재를 기술하는지, 아니면 단지 예측 도구인지에 대한 의문을 제기한다.

해례이론은 과학적 실재론을 강화한다. 절대시간과 절대정지는 관측 가능하고 측정 가능한 물리적 실재다. 이는 물리학을 다시 구체적 실재의 학문으로 만든다.

천문학적 검증

대형 망원경과 우주 관측 기술의 발전은 새로운 검증 기회를 제공한다.

펄서 타이밍: 밀리초 펄서의 정밀 관측은 절대운동의 흔적을 찾을 수 있다.

중력파 검출기: LIGO와 같은 검출기는 절대기준계 효과를 감지할 수 있을 만큼 민감하다.

CMB 정밀 관측: 차세대 CMB 관측은 우주의 절대구조를 더 명확히 보여 줄 것이다.

양자 실험의 재해석

양자 실험들도 절대기준계 관점에서 재검토될 수 있다.

지연 선택 실험: 관측자의 선택이 과거에 영향을 미치는 듯한 이 실험은 절대시간 개념으로 재해석될 수 있다.

양자 지우개: 양자 정보의 소거와 복원은 절대시간 틀에서 더 명확히 이해될 수 있다.

텔레포테이션: 양자 상태의 순간 전송은 절대적 동시성과 관련될 수 있다.

새로운 물리학의 여명

절대시간과 절대정지의 복원은 단순한 과거로의 회귀가 아니다. 이는 현대물리학의 성과를 포용하면서도, 그 한계를 넘어서려는 시도다. 양자역학과 상대성이론의 충돌, 암흑물질과 암흑에너지의 미스터리, 의식과 물리의 관계 등 현대 과학의 가장 어려운 문제들이 새로운 관점에서 해결될 가능성이 열린다.

특히 주목할 점은 이러한 접근이 더 직관적이고 이해 가능한 물리학을 만든다는 것이다. 시간과 공간에 대한 우리의 일상적 경험이 근본적으로 틀리지 않았다는 것, 우주에는 객관적 기준이 존재한다는 것, 이러한 인식은 과학을 다시 인간의 이해 영역으로 가져온다.

우주 배경 복사의 발견이 빅뱅 이론을 확립했듯이, 절대정지의 실험적 검증은 물리학의 새로운 패러다임을 열 수 있다. 수직광자 실험과 같은 제안된 실험들은 기술적으로 가능하며, 그 결과는 혁명적일 수 있다.

아인슈타인은 "신은 주사위를 던지지 않는다"고 했지만, 양자역학 앞에서 패배했다. 그러나 그의 더 깊은 직관-우주에는 객관적 실재가 있다는 믿음-은 옳았을 수 있다. 절대시간과 절대정지의 존재는 이 객관적 실재의 근간이 될 수 있다.

과학의 역사는 단순성을 향한 여정이었다. 케플러가 복잡한 주전원을 타원으로 단순화했듯이, 뉴턴이 지상과 천상의 운동을 하나의 법칙으로 통합했듯이, 해례이론은 현대물리학의 복잡성을 더 단순하고 통합적인 원리로 환원하려 한다.

물리학은 이제 새로운 종합의 시대를 맞이하고 있다. 20세기가 상대성과 양자의 혁명이었다면, 21세기는 이들을 통합하는 새로운 절대성의 시대가 될 수 있다. 절대시간과 절대정지는 그 통합의 열쇠가 될 것이다.

우주의 숨겨진 기준계를 찾는 여정은 이제 시작이다. 실험실의 정밀한 측정에서, 우주 관측의 거대한 스케일까지, 곳곳에서 절대성의 흔적이 발견되고 있다. 이러한 발견들이 모여 새로운 물리학의 대성당을 건설할 것이다.

마지막으로, 이러한 탐구는 단순한 지적 호기심을 넘어선다. 우주의 절대적 구조를 이해하는 것은 우리 존재의 의미를 이해하는 것이다. 우리는 상대적 관찰자가 아니라, 절대적 우주의 일부다. 이 인식은 과학뿐 아니라 철학과 삶의 의미에도 깊은 영향을 미칠 것이다.

10장. 전자기파 속도의 실체

"빛의 속도는 불변이다."

이 한 문장이 현대 물리학의 성벽을 얼마나 견고하게 떠받치고 있는지 아는가? 아인슈타인의 특수상대성이론은 이 문장을 기초로 시공간의 구조를 재정의했고, 멕스웰의 전자기 이론은 이 속도가 자연의 근본 상수임을 수학적으로 증명했다고 믿어 왔다.

하지만 이제 우리는 물어야 한다. 빛의 속도는 정말 실재하는가? 아니면 우리가 수학적 형식에 현혹되어 만들어 낸 신기루에 불과한가?

이 장은 해례이론의 여정에서 가장 도전적인 질문을 던진다. 우리가 의심 없이 받아들여온 전자기파의 속도라는 개념이 과연 물리적 실재인지, 아니면 수학적 추상에 불과한지를 철저히 해부할 것이다. 이는 단순한 학술적 탐구가 아니다. 이 질문에 대한 답은 현대 물리학의 기초를 뒤흔들고, 우주를 바라보는 우리의 관점을 근본적으로 바꿀 것이다.

멕스웰의 아름다운 방정식, 그 이면의 그림자

제임스 클러크 멕스웰은 19세기 물리학의 거장이었다. 그는 전기와 자기 현상을 하나의 통합된 이론으로 묶어 내는 데 성공했고, 그 과정에서 놀라운 발견을 했다. 그의 방정식을 풀면 전자기파의 속도가 나온다.

$$c = 1 / \sqrt{(\varepsilon_0 \times \mu_0)}$$

여기서 ε_0는 진공의 유전율, μ_0는 진공의 투자율이다. 이 공식에서 계산된 값은 실제 측정된 빛의 속도와 정확히 일치했다. 이는 빛이 전자기파라는 것을 의미했고, 물리학계는 환호했다.

하지만 잠시, 이 공식을 자세히 들여다보자. 유전율과 투자율은 무엇인가?

$\varepsilon_0 \approx 8.85 \times 10^{-12}$ F/m(패럿/미터)

$\mu_0 = 4\pi \times 10^{-7}$ H/m(헨리/미터)

이 두 상수는 수치적으로 수십만 배의 차이가 있을 뿐만 아니라, 물리적 의미도 완전히 다르다. 유전율은 전기장이 물질에 미치는 영향을 나타내고, 투자율은 자기장이 물질에 미치는 영향을 나타낸다. 이런 이질적인 두 값을 곱해서 그 역제곱근을 취하면 왜 속도가 나오는가?

이는 수학적 우연인가, 아니면 자연의 깊은 원리인가? 해례이론은 이것이 수학적 형식주의가 만들어 낸 착시일 가능성을 제기한다.

전자기파의 직교 신화: 완벽한 그림이 감추는 모순

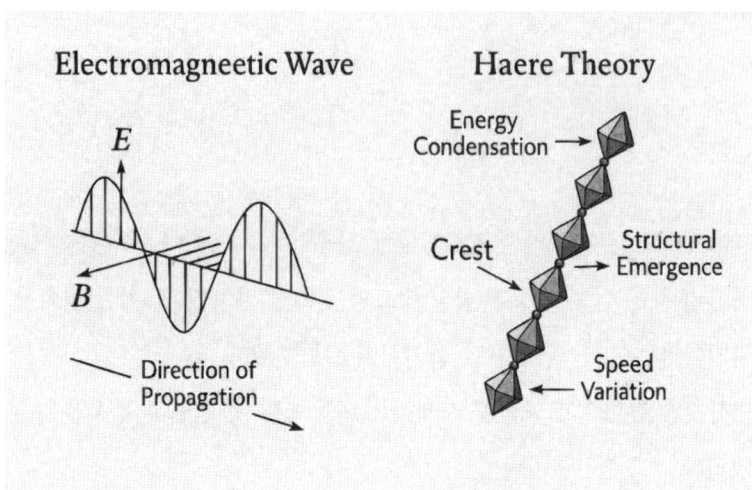

교과서에 나오는 전자기파 그림을 떠올려 보라. 전기장(E)과 자기장(B)이 서로 직각을 이루며 사인파 형태로 진동하고, 그 둘에 수직인 방향으로 파동이 전파된다. 얼마나 아름답고 대칭적인 그림인가!

하지만 이 그림에는 심각한 문제가 숨어 있다.

첫째, 비대칭성의 문제

전기장과 자기장은 본질적으로 다른 현상이다.

전기장은 정지한 전하에서도 발생한다.

자기장은 움직이는 전하(전류)에서만 발생한다.

두 장의 에너지 밀도 공식도 다르다.

이렇게 다른 두 현상이 어떻게 완벽하게 대칭적으로 진동하며 에너지를 주고받을 수 있는가?

둘째, 매질 없는 파동의 모순

물리학에서 파동은 항상 매질을 필요로 한다.
음파는 공기나 물체를 매질로 한다.
수면파는 물을 매질로 한다.
지진파는 지각을 매질로 한다.
그런데 전자기파는 진공에서도 전파된다고 한다. 매질 없이 어떻게 파동이 존재할 수 있는가?
19세기 물리학자들은 이 문제를 해결하기 위해 '에테르'라는 가상의 매질을 상정했다. 하지만 마이켈슨-몰리 실험은 에테르의 존재를 부정했다. 그렇다면 전자기파는 무엇을 통해 전파되는가?

셋째, 에너지 전달의 미스터리

전기장과 자기장이 서로를 유도하며 진공을 가로질러 에너지를 전달한다는 설명은 수학적으로는 깔끔하지만, 물리적으로는 설명이 부족하다.
진공에는 아무것도 없다. 그런데 어떻게 전기장이 자기장을 '유도'하고, 자기장이 다시 전기장을 '유도'할 수 있는가? 이 '유도'라는 과정의 물리적 메커니즘은 무엇인가?

실험의 함정: 우리는 정말 빛의 속도를 측정했는가?

빛의 속도가 일정하다는 믿음은 수많은 실험에 의해 뒷받침된다. 하지만 이 실험들을 자세히 들여다보면, 우리가 측정한 것이 정말 '빛의 속도'인지 의문이 든다.

크룩스관 실험의 재해석

크룩스관에서 음극선(전자빔)이 직진하는 것을 관찰할 수 있다. 이 전자들의 운동은 정말 진공에서의 자유로운 운동일까?

해례이론의 관점에서 보면

해례이론의 관점에서 보면, 크룩스관에서 관측되는 현상은 전자의 '이동'이 아니라 연쇄적 전자 생성-소멸 과정이다. 강한 전위차가 양성자의 회전을 가속시켜 전자 방출 빈도를 높이고, 이것이 직선적 연쇄 반응으로 나타난다. 우리가 측정하는 것은 이 연쇄 생성 과정의 속도이지, 개별 전자의 이동 속도가 아니다.

따라서 우리가 측정한 것은 특정 실험 조건에서의 전자 이동 속도이지, 보편적인 '빛의 속도'가 아닐 수 있다.

컴프턴 산란의 숨겨진 가정

컴프턴 산란 실험에서 X선이 전자와 충돌하여 산란되는 현상을 관찰한다. 이때 에너지와 운동량 보존 법칙을 적용하면 광자의 속도가 c라는 결과가 나온다.

하지만 이는 순환논리다. 광자의 속도가 c라고 가정한다. 이 가정 하에 에너지-운동량 관계식을 세운다. 실험 결과가 이 관계식과 일치한다.

따라서 광자의 속도는 c다. 우리는 가정한 것을 증명했다고 믿고 있는 것이다.

이것이 수학적 형식주의와 물리적 메커니즘의 결정적 차이다. 상대론은 '어떻게 계산하는가'를 알려 주지만 '왜 그렇게 되는가'는 설명하지 못한다. 해례이론은 회전-방출-수렴이라는 구체적 과정을 통해 모든 현상의 인과관계를 명확히 제시한다. 이것이 진정한 물리적 이해다.

광속 측정의 본질적 한계

모든 광속 측정 실험은 다음과 같은 구조를 갖는다.
빛을 발생시킨다. 일정 거리를 이동시킨다. 도착 시간을 측정한다.
거리/시간으로 속도를 계산한다.
하지만 이 과정에서 우리는 실제로 무엇을 측정하는가?
빛의 발생과 검출은 항상 물질과의 상호작용을 포함한다.

'거리'는 이미 빛의 속도를 전제로 정의된다.

'시간'도 마찬가지로 빛을 이용해 동기화된다.

결국 우리는 빛을 이용해 빛의 속도를 측정하는 순환에 빠져 있다.

해례이론의 혁명적 제안: 파동 개념의 재정의

해례이론은 전자기파에 대한 완전히 새로운 해석을 제시한다.

a. 파동이 아닌 구조적 전파

해례이론에 따르면, 빛은 파동이 아니라 '마루만 존재하는 선형 구조'다. 이는 전자들이 진주 목걸이처럼 일렬로 배열된 에너지 응집체로, 공간에 '출현'하는 것이지 '이동'하는 것이 아니다.

이 관점에서 보면,

빛은 매질을 필요로 하지 않는다(구조 자체가 에너지를 담고 있기 때문).

전기장과 자기장의 직교는 수학적 표현일 뿐, 물리적 실재가 아니다.

'속도'는 구조의 출현 속도이지, 파동의 전파 속도가 아니다.

b. 공간 수렴과 빛의 상호작용

해례이론의 핵심 개념인 '공간 수렴'은 빛의 전파에도 적용된다.

$$Ceff = c - \gamma\beta\eta\omega^2R$$

이 공식은 빛의 유효 속도가 다음에 의해 변한다는 것을 보여 준다.

γ: 중력 강도 β: 에너지 밀도

η: 공간 수렴 계수 ω: 진동수   R: 곡률 반경

즉, 빛의 속도는 불변이 아니라 공간의 조건에 따라 변한다.

해례이론에서 전자기파의 실체는 다음과 같다. 복수의 방 구조들이 동조된 회전을 할 때, 각 양성자에서 방출되는 전자들이 공간에 일정한 간격의 마루 구조를 형성한다. 이 마루들이 진주 목걸이처럼 연결된 것이 우리가 '전자기파'라고 부르는 현상의 정체다. 따라서 전자기파는 파동이 아니라 에너지 응집체들의 선형 배열 구조인 것이다.

c. 에너지 전달의 새로운 메커니즘

전통적인 전자기파 이론에서는 전기장과 자기장이 서로를 유도하며 에너지를 전달한다고 설명한다. 해례이론은 이와 다른 메커니즘을 제시한다.

에너지는 공간 구조 자체에 내재한다.

전달은 구조의 연쇄적 출현으로 일어난다.

속도는 이 출현 과정의 특성 시간에 의해 결정된다.

이는 파동이 매질을 통해 전파되는 것과는 완전히 다른 개념이다.

수학과 물리의 경계: 형식이 실재를 대체할 때

현대 물리학의 가장 큰 문제점 중 하나는 수학적 형식주의에 과도하게 의존한다는 것이다. 멕스웰 방정식이 그 대표적인 예다.

수학의 아름다움이 만든 함정

멕스웰 방정식은 수학적으로 매우 우아하다.

$$\nabla \cdot E = \rho/\varepsilon_0$$
$$\nabla \cdot B = 0$$
$$\nabla \times E = -\partial B/\partial t$$
$$\nabla \times B = \mu_0 J + \mu_0\varepsilon_0\partial E/\partial t$$

이 방정식들을 조작하면 파동방정식이 나온다.

$$\nabla^2 E = \mu_0\varepsilon_0\partial^2 E/\partial t^2$$
$$\nabla^2 B = \mu_0\varepsilon_0\partial^2 B/\partial t^2$$

그리고 이 파동의 속도는 $1/\sqrt{(\mu_0\varepsilon_0)}$이 된다.

수학적으로 완벽하다! 하지만 이것이 물리적 실재를 의미하는가?

물리적 실재의 조건

어떤 수학적 결과가 물리적 실재가 되려면 다음 조건을 만족해야 한다.

인과성: 원인과 결과가 명확해야 한다.

메커니즘: 작동 원리가 설명되어야 한다.

에너지 보존: 에너지의 출입이 추적 가능해야 한다.

관측 가능성: 직접 또는 간접적으로 관측할 수 있어야 한다.

전자기파 이론은 이 중 많은 부분을 만족시키지 못한다.

전기장이 자기장을 '유도'하는 메커니즘이 불명확하다.

진공에서의 에너지 전달 과정이 설명되지 않는다.

파동의 물리적 실체가 무엇인지 알 수 없다.

해례이론의 경고

해례이론은 이렇게 경고한다. 수학적 아름다움에 현혹되어 물리적 실재를 놓치지 말라. 방정식이 아무리 우아해도, 그것이 자연을 정확히 기술한다는 보장은 없다.

우리는 지금까지 수학이 보여 주는 그림자를 실재로 착각해 왔을지도 모른다.

새로운 실험의 제안: 빛의 본질을 밝히는 길

해례이론은 단순히 기존 이론을 비판하는 데 그치지 않는다. 검증

가능한 예측과 실험을 제안한다.

a. 중력장 내 광속 측정

해례이론의 광속 가변성 공식에 따르면, 강한 중력장에서 빛의 속도는 느려진다. 이를 검증하기 위한 실험:

중성자별 근처를 지나는 빛의 지연 시간 정밀 측정

블랙홀 근처에서의 광속 변화 관측

해례이론 특화 실험도 제안한다. 양성자 회전수 직접 측정 실험: 고속 입자 충돌 시 방출되는 전자 빈도를 정밀 측정하여, 속도 증가에 따른 전자 방출 빈도 증가를 확인한다. 이론 예측에 따르면 속도가 증가할수록 양성자 회전이 가속되어 전자 방출이 급격히 증가해야 한다. 이것이 검증되면 해례이론의 결정적 증거가 될 것이다.

기존 이론은 시공간 곡률로 설명하지만, 해례이론은 실제 광속 변화로 설명한다.

b. 에너지 밀도에 따른 광속 변화

고에너지 레이저 빔이 만드는 강한 전자기장 영역을 통과하는 빛의 속도 측정:

교차하는 레이저 빔 사이의 광속 변화

플라즈마 채널을 통과하는 빛의 속도

강한 자기장 내에서의 광속 이상 현상

c. 구조적 출현 검증

해례이론의 '마루 구조' 가설을 검증하기 위한 실험:

단일 광자의 공간적 구조 관측

광자 간 상호작용의 미세 구조 분석

진공 챔버 내 광자 생성/소멸 과정 관찰

물리학의 미래: 진정한 이해를 향하여

우리는 이제 기로에 서 있다. 한쪽에는 수학적으로 완벽하지만 물리적으로 모호한 전자기파 이론이 있고, 다른 한쪽에는 직관적이지만 혁명적인 해례이론이 있다.

패러다임의 전환

과학사는 패러다임 전환의 역사다.

천동설에서 지동설로

뉴턴 역학에서 상대성이론으로

결정론에서 양자역학으로

이제 우리는 또 다른 전환점에 있을지 모른다. 빛의 속도가 불변이라는 믿음에서, 가변적이고 구조적인 빛의 이해로의 전환.

통합의 가능성

해례이론은 분열된 현대 물리학을 통합할 가능성을 제시한다.
양자역학과 상대성이론의 모순 해결
중력과 전자기력의 통합적 이해
암흑물질과 암흑에너지 문제의 새로운 접근
이 모든 것은 빛의 본질에 대한 새로운 이해에서 시작된다.

질문하는 용기

물리학의 진보는 항상 당연한 것에 의문을 제기하는 것에서 시작했다. 갈릴레이가 "그래도 지구는 돈다"고 말했듯이, 우리도 이제 말해야 한다.

"그래도 빛의 속도는 변한다."

전자기파의 속도는 실재하는가? 이 질문에 대한 답은 아직 완전하지 않다. 하지만 분명한 것은, 우리가 믿어 온 확실성이 사실은 매우 흔들리는 기초 위에 서 있다는 것이다.

빛은 여전히 수수께끼다. 하지만 이제 우리는 그 수수께끼에 다가가는 새로운 길을 갖게 되었다. 해례이론이 제시하는 길은 험난할지 모르지만, 진리를 향한 길은 언제나 그랬듯이 도전적이다.

제4부

양자의 수수께끼
– 관측이 드러내는 실재

11장. 양자 세계의 기이한 현실: 퀀텀 점프와 중첩의 진실

1. 서론: 양자 세계의 미스터리

양자역학의 발전은 물리학에 전례 없는 예측력을 가져다주었지만, 동시에 인간의 직관에 도전하는 수많은 이상한 현상들을 소개했다. 전자가 궤도 사이를 순간적으로 '점프'하는 퀀텀 점프, 입자가 측정되기 전까지 여러 상태에 동시에 존재하는 것처럼 보이는 중첩 상태, 그리고 확률로만 설명되는 양자 세계의 행동 양식은 우리의 일상적 경험과 크게 다르다.

기존 양자역학 해석, 특히 코펜하겐 해석은 이러한 현상들을 현상학적으로 기술할 뿐 왜 그리고 어떻게 그런 일이 가능한지에 대한 근본적 메커니즘을 제시하지 못했다. 이 장에서는 해례이론의 관점에서 양자 세계의 이상한 현상들, 특히 퀀텀 점프와 중첩 상태의 본질을 탐구한다. 회전하는 에너지의 응집체인 방 구조와, 그로 인한 전자의 생성-소멸 패턴이라는 근본 원리를 통해, 이 현상들에 대한 직관적이고 물리적인 설명을 제시할 것이다.

2. 퀀텀 점프의 본질

기존 이론의 한계: 설명 없는 기술

양자역학의 가장 충격적인 예측 중 하나는 원자 내 전자가 한 에너지 준위에서 다른 에너지 준위로 순간적으로 '점프'한다는 것이다. 닐스 보어가 처음 제안한 이 아이디어는 광자 방출과 흡수를 설명하는 데 성공적이었지만, 그 메커니즘에 대한 물리적 이해는 제공하지 못했다.

양자역학의 표준적 설명에 따르면, 전자는 에너지 준위 사이를 비연속적으로 이동하며, 이 과정에서 두 에너지 준위 사이의 차이에 해당하는 광자를 방출하거나 흡수한다. 이 설명은 현상을 잘 기술하지만, 왜 전자가 연속적이 아닌 불연속적으로 이동하는지, 또는 이 '점프'가 정확히 어떻게 일어나는지에 대해서는 침묵한다.

더 심각한 문제는, 전자가 두 에너지 준위 사이에 존재할 수 없다면, 한 준위에서 다른 준위로 어떻게 이동할 수 있는가 하는 것이다. 이는 마치 계단을 오르는 사람이 1층과 2층 사이에 존재할 수 없다고 하면서도, 어떻게든 1층에서 2층으로 이동한다고 주장하는 것과 같다. 이 모순은 전통적 양자역학에서 해결되지 않은 채로 남아 있다.

해례이론의 관점: 생성과 소멸의 연쇄

해례이론은 퀀텀 점프에 대한 근본적으로 다른 해석을 제시한다.

이 이론에 따르면, 전자는 고정된 '입자'가 아니라, 방 구조 내 회전하는 에너지에 의해 지속적으로 생성되고 소멸하는 패턴이다. 방 구조 내에서 에너지가 회전할 때 주변 공간에 주기적인 전위차를 발생시키며, 이 전위차가 특정 임계점에 도달하면 전자가 생성된다. 생성된 전자는 일정 시간 후 소멸하며, 이 과정이 반복된다.

이러한 관점에서 퀀텀 점프는 다음과 같이 이해될 수 있다:

방 구조 내 회전 에너지 패턴이 변화하면, 주변 공간의 전위차 분포도 변화한다. 이 변화로 인해, 기존 위치에서의 전자 생성 조건이 사라지고, 새로운 위치에서의 생성 조건이 형성된다.

결과적으로, 기존 위치에서 전자 생성이 중단되고, 새로운 위치에서 전자 생성이 시작된다. 외부 관찰자에게 이 과정은 전자가 한 위치에서 다른 위치로 '점프'한 것처럼 보인다.

즉, 퀀텀 점프는 실제로 전자의 '이동'이 아니라, 한 위치에서의 소멸과 다른 위치에서의 생성으로 이루어진 과정이다. 이는 마치 영화 필름의 연속된 프레임처럼, 각 위치에서 별개의 전자들이 생성-소멸하면서 연속적인 운동의 환상을 만들어 내는 것과 유사하다.

흥미롭게도 2019년 예일대학교 연구팀의 실험은 해례이론의 예측과 일치하는 결과를 보여 주었다. 그들은 인공 원자 시스템에서 퀀텀 점프를 실시간으로 관측했는데, 기존 이론이 예측한 완전히 무작위적이고 즉각적인 사건이 아니라, 특정 '전조 현상'이 선행됨을 발견했다.

기존 양자역학으로는 이 전조 현상을 설명할 수 없었지만, 해례이론의 관점에서는 자연스럽다. 이는 방 구조 내 회전 에너지 패턴이 변화하면서 전자 생성 조건이 서서히 이동하는 과정에 해당한다. 즉, 같은 실험 결과이지만 해례이론이 그 물리적 원인을 더 명확히 설명한다.

방출 스펙트럼과 생성-소멸 리듬

원자의 특징적인 스펙트럼 선은 전자가 특정 에너지 준위 사이를 이동할 때 방출하거나 흡수하는 빛의 패턴이다. 기존 이론에서 이 스펙트럼 선은 단순히 에너지 준위 차이에 의해 결정된다고 설명되지만, 왜 특정 원소가 특정 스펙트럼 패턴을 가지는지에 대한 근본적 이해는 제공하지 못한다.

해례이론은 이에 대한 더 깊은 통찰을 제공한다. 스펙트럼 선은 방 구조 내 회전 에너지가 만들어 내는 고유한 전자 생성-소멸 리듬의 직접적인 표현이다. 서로 다른 원소들은 서로 다른 회전 패턴을 가지며, 이는 서로 다른 전자 생성-소멸 위치와 타이밍을 만들어 낸다. 이것이 바로 각 원소의 고유한 '지문'과 같은 스펙트럼 패턴의 근원이다.

이 과정은 전자가 한 궤도에서 다른 궤도로 '뛰어내리는' 것이 아니라, 서로 다른 위치에서의 생성-소멸 패턴 변화로 이해된다. 이러한 관점은 왜 각 원소가 고유한 스펙트럼을 가지는지, 그리고 이 스펙트럼이 왜 불연속적인지에 대한 물리적 설명을 제공한다.

원자의 스펙트럼은 방 구조 내 회전 에너지가 만들어 내는 고유한 전자 생성-소멸 리듬의 직접적인 표현이다. 서로 다른 원소들은 서로 다른 회전 패턴을 가지며, 이는 서로 다른 전자 생성-소멸 위치와 타이밍을 만들어 낸다. 이것이 바로 각 원소의 고유한 '지문'과 같은 스펙트럼 패턴의 근원이다.

수소 원자의 발머 계열을 예로 들어 보자. 해례이론에서는 이 현상을 다음과 같이 설명한다.

특정 자극으로 방 구조 내 회전 에너지 패턴이 변화하여, 높은 에너지 준위에 해당하는 위치에서 전자 생성이 시작된다.

이 위치에서 생성된 전자는 곧 소멸하며, 이 과정에서 에너지가 방출된다.

방 구조 내 회전 에너지 패턴은 다시 변화하여, 더 낮은 에너지 준위에 해당하는 위치에서 전자 생성이 시작된다.

두 에너지 준위 사이의 차이에 해당하는 에너지가 빛(광자)으로 방출된다.

3. 중첩 상태의 실체

기존 이론의 설명과 그 한계

양자역학의 또 다른 수수께끼는 '중첩 상태'라는 개념이다. 전통적 양자역학에 따르면, 입자는 측정되기 전까지 여러 가능한 상태의 중첩으로 존재한다. 예를 들어, 전자는 동시에 여러 위치에 있을 확률로 기술되며, 측정 행위가 이 확률 분포를 하나의 확정된 상태로 '붕괴'시킨다.

슈뢰딩거의 고양이 사고실험은 이러한 중첩 상태의 기이함을 극단적으로 보여 준다. 이 사고실험에서 고양이는 방사성 물질의 붕괴에 의존하는 장치에 의해 '살아 있는 상태'와 '죽은 상태'의 중첩으로 존재해야 한다는 역설적 결론에 이른다. 이는 우리의 거시적 경험과 양자역학의 미시적 예측 사이의 충돌을 드러낸다.

코펜하겐 해석은 이 문제를 '파동함수 붕괴'라는 개념으로 설명하지만, 그 물리적 메커니즘은 제시하지 못한다. 다중세계 해석은 모든 가능성이 실제로 실현되는 병렬 우주를 가정함으로써 이 문제를 회피하지만, 이는 또 다른 형태의 형이상학적 가정에 불과하다.

해례이론의 해석: '있음'과 '없음'의 패턴

해례이론은 중첩 상태의 본질에 대한 완전히 다른 접근법을 제시한다. 보른의 해석처럼 파동함수의 제곱을 확률로 보는 것이 아니라, 빛 파동 자체가 '있음'과 '없음'의 패턴으로 존재한다고 본다. 이는 근본적으로 확률의 문제가 아니라, 존재의 본질적 상태에 관한 것이다.

해례이론에 따르면, 중첩 상태는 방 구조 내 회전 에너지가 전자를 생성할 수 있는 여러 위치를 동시에 형성하는 상태를 의미한다. 중요한 점은, 이것이 확률의 문제가 아니라 '있음'과 '없음'의 실제적 패턴이라는 것이다.

방 구조 내 회전 에너지는 여러 위치에서 전자 생성 조건을 형성한다.

전자는 이러한 위치들 사이에서 매우 빠른 속도로 생성되고 소멸된다.

빛 파동은 마루만 존재하는 파동으로, '있음'과 '없음'으로만 구성된다. 음의 진폭은 존재하지 않는다.

현재 위치에 전자가 '있음'은 실제적 상태이며, '없음' 역시 실제적 상태다.

이러한 관점에서 보면, 전자의 중첩 상태는 확률적 개념이 아니라, 전자가 여러 위치에서 교대로 생성−소멸하면서 만들어내는 '있음'과 '없음'의 실제적 패턴이다. 측정이나 관측은 이 패턴을 변화시키는 물리적 상호작용으로, 관측자와 관측 대상 사이의 에너지 교환이 특정 생성 위치를 강화하고 다른 위치를 약화시킨다.

중요한 것은, 이것이 인식의 문제가 아니라 존재의 문제라는 점이다. 이러한 '있음'과 '없음'의 분포는 단지 중첩 상태에만 해당되지 않는다. 이 패턴은 빛의 간섭 무늬에서도 그대로 반복된다. 기존 간섭 이론에서는 상쇄 간섭을 가정하지만, 해례이론의 빛은 마루만 가진 파동으로 구성되어 있어 상쇄가 발생하지 않는다.

간섭 무늬란 상쇄의 결과가 아니라, 에너지 마루가 도달한 곳과 도달하지 않은 곳의 분포에 불과하다. 결국, 중첩과 간섭은 동일한 생성−소멸 메커니즘에서 비롯된 '존재의 패턴'이며, 확률로 포장된 이론적 추상물이 아니다.

확률은 단지 인간의 측정과 인지 한계에서 비롯된 개념일 뿐, 자연 자체는 '있음'과 '없음'의 명확한 패턴으로 구성되어 있다.

슈뢰딩거의 고양이 역설도 이 관점에서 새롭게 해석된다. 고양이와 같은 거시적 시스템은 수많은 방 구조들의 집합체이며 각 구조 내 회전 에너지들이 서로 강하게 결합되어 있다. 따라서 하나의 방 구조에서 일어나는 변화는 전체 시스템에 즉각적으로 영향을 미친다. 이런 조건에서는 시스템 전체가 '중첩 상태'로 존재하기 어렵다. 고양이는 실제로 '살아 있음' 또는 '죽어 있음'의 명확한 상태를 가진다.

4. 양자 터널링의 메커니즘

불가능을 가능케 하는 현상

양자 터널링은 양자역학의 또 다른 이상한 예측이다. 이 현상에서 입자는 고전 물리학의 법칙으로는 넘을 수 없는 에너지 장벽을 '통과'할 수 있다. 예를 들어, 알파 붕괴 과정에서 알파 입자는 원자핵의 강한 퍼텐셜 장벽을 통과하여 방출된다. 이는 마치 공이 충분한 에너지 없이도 언덕을 넘어가는 것과 같이 직관에 반하는 현상이다.

기존 양자역학은 확률적으로만 설명하지만, 해례이론은 그 확률의 물리적 원인을 밝힌다. 입자의 파동함수는 장벽 내부에서 지수적으로 감소하지만 완전히 0이 되지는 않으며, 따라서 장벽 너머에서 입자가 발견될 유한한 확률이 존재한다. 그러나 이 설명은 왜, 그리고 어떻게 입자가 물리적으로 장벽을 통과할 수 있는지에 대한 직관적 이해를 제공하지 않는다.

해례이론의 관점: 소멸과 재생성

해례이론은 양자 터널링에 대한 물리적으로 직관적인 설명을 제공한다. 이 이론에 따르면, 터널링은 입자가 장벽을 '통과'하는 것이 아니라, 장벽 한쪽에서 소멸하고 다른 쪽에서 재생성되는 과정이다.

이 과정은 다음과 같이 이해될 수 있다.

방 구조 내 회전 에너지는 주변 공간에 특정한 패턴을 형성한다. 이 패턴은 장벽 양쪽에서 유사한 전자 생성 조건을 만들 수 있다.

퍼텐셜 장벽의 얇아짐으로 유전율이 임계값을 넘으면 장벽 한쪽에서 전자가 소멸할 때, 그 에너지는 장벽 너머로 전달되어, 그곳에서 새로운 전자 생성의 조건이 된다.

방수가 되면서 투습이 되는 고어텍스 같은 원리이다 이는 전자가 생성이 된 것이지 원자가 터널링을 한 게 아니다

외부 관찰자에게는 이 과정이 입자가 장벽을 통과한 것처럼 보인다.

5. 양자 세계와 결정론

확률과 결정론의 충돌

양자역학의 가장 혁명적인 측면 중 하나는 그 본질적으로 확률적인 성격으로 여겨지는 점이다. 보른 규칙에 따르면, 파동함수의 제곱은 입자가 특정 위치에서 발견될 확률을 나타낸다. 이는 라플라스의 결정론적 우주관과 근본적으로 충돌하는 관점이다.

아인슈타인은 "신은 주사위 놀이를 하지 않는다"라는 유명한 말로 이러한 확률적 해석에 반대했다. 그는 양자역학이 불완전한 이론이며, 숨겨진 변수들이 존재하여 이들을 알면 모든 것을 결정론적으로 예측할 수 있을 것이라고 주장했다.

해례이론의 관점: '있음'과 '없음'의 결정론

해례이론은 양자 세계의 겉보기 확률적 성격에 대한 근본적으로 새로운 해석을 제시한다. 이 이론에 따르면, 자연은 근본적으로 결정론적이지만, 인간의 측정과 인지 능력의 한계로 인해 확률적으로 보인다.

빛 파동은 본질적으로 마루만 존재하는 파동으로, '있음'과 '없음'의 이진법적 상태로 구성된다. 음의 진폭은 실제로 존재하지 않으며, 보강 간섭은 '있음'과 '있음'이 만나 '있음'이 강화되는 현상이다. '있음'과 '없음'이 만나면 결과는 '있음'이다.

보른의 확률 해석은 음수를 포함하는 파동함수의 값을 현실에 맞추기 위해 제곱함으로써 모든 값을 양수로 변환하는 수학적 트릭에 불과하다. 실제로는 이러한 확률적 해석이 필요 없으며, 모든 현상은 '있음'과 '없음'의 명확한 패턴으로 설명될 수 있다.

인간이 양자 현상을 확률적으로 인식하는 이유는 단지 측정 과정에서 발생하는 상호작용이 측정 대상의 상태를 변화시키기 때문이다. 이는 확률의 문제가 아니라, 인식과 상호작용의 문제다. 완벽한 측정이 가능하다면, 양자 세계도 완전히 결정론적으로 이해될 수 있을 것이다.

해례이론에서 양자 세계의 겉보기 무작위성은 방 구조 내 회전 에너지의 복잡한 패턴과 그로 인한 전자 생성−소멸의 복잡한 역학에서 비롯된다. 이 패턴이 너무 복잡하여 완전히 파악하기 어렵기 때문에, 인간은 이를 확률적으로 기술할 수밖에 없다. 그러나 자연 자체는 '주사위 놀이'를 하지 않는다.

6. 이상함을 넘어서

양자 세계의 이상한 현상들은 오랫동안 물리학자들을 당혹스럽게 했다. 퀀텀 점프, 중첩 상태, 터널링과 같은 현상들은 우리의 일상적 직관과 너무나 다르기에, 많은 이들은 양자역학을 '이해할 수 없는' 이론으로 받아들였다. 리처드 파인만의 유명한 말처럼, "양자역학을 이해하는 사람은 아무도, 없다."

그러나 해례이론은 이러한 수수께끼들에 새로운 빛을 비춘다. 회전하는 에너지의 응집체인 방 구조와, 그로 인한 전자의 생성-소멸 패턴이라는 근본 원리를 통해, 이 이론은 양자 세계의 이상한 현상들에 대한 직관적이고 물리적인 설명을 제공한다.

해례이론의 관점에서

퀀텀 점프는 전자의 '이동'이 아니라, 한 위치에서의 소멸과 다른 위치에서의 생성으로 이루어진 과정이다.

중첩 상태는 '확률적' 현상이 아니라, 전자가 여러 위치에서 교대로 생성-소멸하면서 만들어 내는 '있음'과 '없음'의 패턴이다.

파동함수 붕괴에 대한 측정은 한 마루 구조가 다른 마루 구조를 흡수하거나 간섭하여, 특정 상태로 굳어지는 과정이다.

양자 터널링은 입자가 장벽을 '통과'하는 것이 아니라, 한쪽에서 소멸하고 다른 쪽에서 재생성되는 과정이다.

양자 세계의 겉보기 확률적 성격은 인간의 측정과 인지 한계에서 비롯된 것으로, 자연 자체는 '있음'과 '없음'의 명확한 패턴으로 구성되어 있다.

이러한 해석은 양자역학의 수학적 형식을, 직관적으로 이해할 수 있는 물리적 모델로 연결한다. 그것은 기존 양자역학의 성공적인 예측력을 유지하면서도, 그 기저에 있는 물리적 메커니즘에 대한 더 깊은 이해를 제공한다.

해례이론은 양자 세계의 이상함을 제거하지 않는다. 오히려, 그 이상함이 우리의 편협한 직관과 측정의 한계 때문에 발생한다는 것을 보여 준다. 회전하는 에너지의 응집과 그로 인한 생성-소멸의 패턴이라는 근본 원리를 받아들이면, 양자 세계는 더 이상 이해할 수 없는 미스터리가 아니라, 아름답고 명확한 질서를 가진 세계로 변한다.

12장. 관측의 진실: 불확정성 원리와 측정의 본질

1. 양자역학 100년의 근본 질문

1927년 하이젠베르크가 불확정성 원리를 발표한 이래, 물리학은 하나의 근본적 딜레마에 직면해 왔다. 왜 입자의 위치와 운동량을 동시에 정확히 측정할 수 없는가? 왜 관측 행위 자체가 대상의 상태를 변화시키는가? 그리고 파동함수는 왜 관측 순간에 '붕괴'하는가?

이러한 현상들은 양자역학에 전례 없는 예측력을 가져다주었지만, 동시에 물리학을 반직관적이고 추상적인 영역으로 이끌었다. 리처드 파인만의 유명한 말처럼 "양자역학을 이해하는 사람은 아무도 없다"는 선언이 한 세기 가까이 유지되어 온 것이다.

그러나 해례이론은 이 모든 수수께끼가 하나의 근본적 오해에서 비롯되었다고 본다. 전자를 독립된 입자로 간주한 순간, 물리학은 실재하지 않는 현상들을 설명하기 위해 점점 더 복잡한 개념들을 만들어낼 수밖에 없었다는 것이다.

앞 장들에서 살펴본 바와 같이, 전자는 영구적인 독립 입자가 아니라 양성자의 회전에 의해 지속적으로 생성되고 소멸되는 리듬이다. 이 단순한 인식 전환만으로도 양자역학의 가장 깊은 미스터리들이 자연스럽게 해소된다.

2. 관측 문제의 정체: 리듬과 리듬의 만남

관측이란 무엇인가

해례이론에서 관측은 신비로운 현상이 아니다. 그것은 두 개의 방 구조가 만나는 구체적이고 물리적인 상호작용이다. 관측 장치든 우리의 감각 기관이든, 모든 관측은 관측자의 방 구조와 관측 대상의 방 구조 사이의 에너지 교환으로 이루어진다.

전자를 '관측'한다는 것은 실제로는 전자의 생성-소멸 리듬과 관측 장치의 에너지 구조가 상호작용하는 과정이다. 세슘 원자에서 확인되 듯이, 양성자는 초당 92억 번 회전하며 그때마다 전자 생성의 가능성 을 만든다. 이 극도로 빠른 리듬을 우리의 관측 장치가 포착할 때, 두 시스템 모두 변화한다.

이것이 바로 '관측자 효과'의 실체다. 관측이 대상을 변화시키는 것 이 아니라, 두 리듬이 만날 때 자연스럽게 발생하는 상호 조율 과정인 것이다.

거리에 따른 관측의 변화

해례이론은 왜 근거리에서는 입자적 특성이, 원거리에서는 파동적 특성이 관측되는지를 명확히 설명한다.

근거리에서는 관측 장치가 전자의 생성-소멸 과정 자체에 직접 개 입한다. 강한 상호작용으로 인해 특정 순간의 전자 생성이 '포착'되어 입자적 특성이 강하게 나타난다. 이는 마치 고속으로 회전하는 선풍기 날개를 스트로보스코프로 관찰할 때 정지된 날개처럼 보이는 것과 유사하다.

원거리에서는 개별 전자의 생성–소멸보다는 이 과정이 만들어 내는 전체적 패턴, 즉 파동적 특성이 주로 관측된다. 태양에서 지구까지 도달하는 것이 개별 전자가 아니라 빛(광자)인 이유가 바로 여기에 있다.

3. 파동함수 붕괴의 실체

중첩 상태의 진실

양자역학에서 말하는 '중첩 상태'는 실제로는 전자가 여러 위치에서 교대로 생성–소멸하는 과정이다. 양성자의 회전 패턴에 따라 방 구조의 여러 지점에서 전자 생성 조건이 형성되고, 전자는 이 지점들 사이에서 빠르게 생성–소멸한다.

중요한 것은 이것이 확률의 문제가 아니라 '있음'과 '없음'의 명확한 패턴이라는 점이다. 6장에서 확인했듯이, 빛 파동은 마루만 존재하는 구조로, 음의 진폭은 실재하지 않는다. 보른의 확률 해석은 파동을 사인파로 착각하여 음수 부분을 제곱으로 양수화한 수학적 처리에 불과하다.

붕괴 과정의 메커니즘

파동함수 '붕괴'는 실제로는 두 리듬 시스템이 만날 때 발생하는 자연스러운 동조화 과정이다:

측정 전: 방 구조 내 회전 에너지가 여러 위치에서 전자 생성 조건을 형성한다. 전자는 이 위치들 사이에서 약 10^-10초 주기로 생성-소멸한다.

측정 시작: 관측 장치의 에너지 구조가 대상과 상호작용하기 시작한다. 두 시스템의 리듬이 간섭하며 특정 패턴으로 수렴한다.

동조화 완료: 최종적으로 하나의 안정된 생성-소멸 패턴이 형성되며, 이것이 '확정된 상태'로 관측된다.

이 과정은 순간적이 아니라 점진적이지만, 92억 Hz라는 극도로 빠른 주기 때문에 순간적인 '붕괴'처럼 인식되는 것이다.

4. 불확정성 원리의 재해석

측정 대상의 부재

하이젠베르크의 불확정성 원리($\Delta x \cdot \Delta p \geq \hbar/2$)는 자연의 근본적 한계가 아니라, 측정하려는 '대상' 자체가 고정된 실체가 아니라는 사실의 표현이다.

전자의 '위치'를 측정한다는 것은 특정 순간에 전자가 생성되는 지점을 포착하는 것이다. 그런데 전자는 지속적으로 생성-소멸하므로,

'위치'라는 개념 자체가 재정의되어야 한다. 마찬가지로 '운동량'은 이 생성-소멸 패턴이 만드는 파동의 특성과 관련된다.

따라서 위치와 운동량을 동시에 정확히 측정할 수 없는 것은 측정 기술의 한계가 아니라, 측정 대상이 그러한 동시 확정을 허용하지 않는 리듬적 존재이기 때문이다.

리듬의 본질적 특성

세슘 원자의 92억 Hz 진동은 이 문제를 명확히 보여 준다. 이렇게 빠른 생성-소멸 리듬을 가진 현상에서 '정확한 위치'나 '정확한 운동량'을 논하는 것은 마치 빠르게 돌아가는 선풍기 날개의 '정확한 위치'를 묻는 것과 같다.

불확정성은 따라서 리듬적 존재의 본질적 특성이며, 이를 '입자'의 관점에서 이해하려 했기 때문에 생긴 개념적 혼란이다.

5. 양자 현상들의 통합적 이해

터널링 효과

양자 터널링은 전자가 고전적으로는 통과할 수 없는 장벽을 '통과'하는 현상이다. 해례이론에서는 이를 다음과 같이 해석한다. 장벽 한쪽에서 전자가 소멸하고, 장벽 너머에서 새로운 전자가 생성되는 과정이다.

이는 '동일한 전자의 이동'이 아니라, 생성-소멸 리듬이 공간적으로 불연속적인 지점에서 나타나는 현상이다. 양성자의 회전 패턴이 만드는 에너지 분포가 장벽을 넘어 전자 생성 조건을 형성할 수 있기 때문이다.

이중 슬릿 실험

이중 슬릿 실험에서 나타나는 간섭 무늬는 해례이론의 관점에서 자연스럽게 설명된다. 전자는 실제로 '두 슬릿을 동시에 통과'하는 것이 아니라, 각 슬릿 근처에서 생성-소멸하는 패턴들이 만나서 만드는 분포이다.

간섭 무늬에서 밝은 부분은 두 생성-소멸 패턴이 보강하는 영역이고, 어두운 부분은 어느 패턴도 전자를 생성하지 않는 영역이다. 이는 상쇄 간섭이 아니라 단순히 '도달하지 않는' 영역일 뿐이다.

6. 정보와 에너지의 관계

측정의 본질

모든 측정은 정보 획득 과정이며, 해례이론에 따르면 이는 리듬 간의 상호작용을 의미한다. 시스템에 대한 정보를 얻으려면 그 시스템의 리듬과 상호작용해야 하며, 이는 필연적으로 양쪽 리듬의 변화를 가져온다.

한 비트의 정보를 얻는 데 필요한 최소 에너지는 결국 두 리듬 시스템이 동조하는 데 필요한 에너지이다. 이것이 정보 처리의 열역학적 한계를 설정하는 란다우어 원리의 물리적 기반이다.

양자 정보의 특성

양자 정보가 복사될 수 없는 이유도 명확해진다. 양자 정보는 고정된 '데이터'가 아니라 지속적으로 진동하는 생성−소멸 리듬이기 때문이다. 이 리듬을 '복사'한다는 것은 동일한 리듬을 가진 또 다른 시스템을 만드는 것인데, 두 시스템이 상호작용하는 순간 양쪽 모두 변화하게 된다.

7. 의식과 측정: 복잡성의 스펙트럼

해례이론에서 의식적 관측과 기계적 측정 사이에는 본질적 차이가 없다. 둘 다 방 구조 간의 상호작용이며, 단지 복잡성의 정도가 다를 뿐이다.

단순한 검출기부터 복잡한 측정 장치, 생물학적 시스템, 그리고 의식적 관측자에 이르기까지, 모든 단계에서 기본 메커니즘은 동일하다. 리듬과 리듬의 만남, 그리고 그로 인한 상호 변화.

의식이 특별해 보이는 것은 그것이 가장 복잡한 방 구조들의 네트워크를 포함하기 때문이지, 본질적으로 다른 종류의 현상이기 때문이 아니다.

8. 기술적 응용과 미래 전망

양자 기술의 재해석

양자 컴퓨터는 전자의 생성-소멸 리듬이 여러 패턴을 동시에 형성할 수 있다는 특성을 이용한다. 연산 과정에서는 이 리듬들이 서로 간섭하며 복잡한 패턴을 만들고, 측정은 이를 하나의 안정된 패턴으로 수렴시킨다.

양자 센서들도 모두 생성-소멸 리듬의 극도로 민감한 변화를 활용한다. 중력파 검출기, 원자 시계, 양자 자력계 등은 모두 이 리듬의 미세한 변화를 감지하는 장치들이다.

물리학의 새로운 지평

해례이론을 통해 우리는 양자 세계의 겉보기에 이상함이 실제로는 생성-소멸 리듬이라는 단순하고 우아한 원리에서 비롯됨을 보았다. 관측은 리듬과 리듬의 상호작용이며, 불확정성은 리듬적 존재의 본질적 특성이고, 정보와 에너지는 리듬의 동조 과정에서 교환된다.

이러한 이해는 양자역학을 더 이상 반직관적인 이론이 아닌, 자연의 리듬을 기술하는 직관적 체계로 변화시킨다.

양자역학 100년의 수수께끼가 해결되었다. 관측자 효과도, 파동함수 붕괴도, 불확정성 원리도 모두 전자를 독립된 입자로 본 착각에서 비롯된 가짜 문제들이었다.

전자는 입자가 아니라 리듬이다. 92억 Hz로 진동하는 생성−소멸의 리듬. 이 리듬과 다른 리듬이 만날 때 일어나는 자연스러운 상호작용이 우리가 '관측'이라 부르는 현상의 전부이다.

천동설의 복잡한 주전원들이 지동설 하나로 모두 해소되었듯이, 양자역학의 복잡한 개념들도 생성−소멸 리듬이라는 하나의 원리로 자연스럽게 설명된다.

우리는 이제 양자 세계를 이해했다. 그리고 그 이해를 바탕으로 더 큰 스케일의 현상들−시간과 공간, 중력과 우주의 구조−을 탐구할 준비가 되었다. 미시 세계의 리듬이 어떻게 거시 세계의 질서를 만들어내는지, 그 놀라운 연결을 발견하게 될 것이다.

제5부

힘의 통일
– 네 가지 상호작용의 비밀

13장. 중력의 진실: 공간 수렴과 물질의 상호작용

사과는 왜 떨어질까? 이 단순한 질문이 인류 역사상 가장 위대한 과학 혁명을 일으켰다. 뉴턴은 떨어지는 사과와 궤도를 도는 달이 같은 원리로 움직인다는 것을 깨달았다. 그는 만유인력이라는 개념으로 천상과 지상의 물리학을 통합했다.

그러나 뉴턴 자신도 인정했듯이, 그의 이론은 중력이 '어떻게' 작용하는지는 설명하지 못했다. 두 물체가 빈 공간을 사이에 두고 어떻게 서로를 '알아차리고' 당길 수 있는가? 이 "원격 작용(action at a distance)"의 문제는 200년 이상 물리학자들을 괴롭혔다.

아인슈타인은 일반상대성이론으로 새로운 답을 제시했다. 중력은 힘이 아니라 시공간의 곡률이라는 것이다. 질량이 시공간을 휘게 만들고, 물체는 이 휘어진 공간에서 가장 자연스러운 경로를 따라 움직인다. 우아하고 혁명적인 이론이었지만, 여전히 근본적인 질문은 남았다. 왜 질량은 시공간을 휘게 만드는가?

해례이론은 이 오랜 수수께끼에 완전히 새로운 관점을 제시한다. 중력은 물체를 '당기는' 힘도, 공간이 '휘어진' 결과도 아니다. 그것은 공간 자체가 물질을 향해 수렴하는 현상이다. 마치 욕조의 물이 배수구로 빨려 들어가듯, 공간은 물질 주변에서 끊임없이 소멸되고 보충되며 흐른다.

이 혁명적 관점은 양자역학과 중력의 통합이라는 현대 물리학 최대 난제에 새로운 길을 열어 준다. 중력의 진정한 메커니즘을 이해함으로써, 우리는 일상의 낙하 현상부터 우주의 거대 구조까지 모든 것을 새로운 눈으로 보게 된다.

1. 중력에 대한 역사적 이해와 그 한계

뉴턴의 만유인력: 수학적 완벽함과 개념적 한계

1687년, 뉴턴의『프린키피아』는 물리학 역사의 분수령이 되었다. 그의 만유인력 법칙은 놀라울 정도로 단순했다.

$$F = G \times (m_1 \times m_2) / r^2$$

두 물체 사이의 중력은 질량의 곱에 비례하고 거리의 제곱에 반비례한다. 이 간단한 수식으로 행성의 궤도, 조수의 변화, 지상의 모든 낙하 현상을 설명할 수 있었다. 할리 혜성의 기환을 예측히고, 해왕성의 존재를 계산으로 발견하는 등 뉴턴 역학의 승리는 계속되었다.

그러나 뉴턴은 자신의 이론에 내재된 심각한 문제를 알고 있었다. 그는 중력이 즉각적으로 전달된다고 가정했는데, 이는 어떤 물리적 메커니즘으로도 설명할 수 없었다. 그의 유명한 말 "나는 가설을 세우지 않는다(Hypotheses non fingo)"는 이러한 한계에 대한 솔직한 인정이었다.

더 근본적인 문제는 '작용-반작용'이었다. 어떻게 두 물체가 아무것도 없는 빈 공간을 통해 서로에게 힘을 미칠 수 있는가? 뉴턴 자신도 이를 "철학적으로 부조리하다"고 생각했지만, 수학적으로 작동하는 이론을 포기할 수는 없었다.

아인슈타인의 혁명: 기하학으로서의 중력

1915년, 아인슈타인은 일반상대성이론으로 중력에 대한 완전히 새로운 그림을 그렸다. 중력은 더 이상 신비한 원격 작용의 힘이 아니었다. 대신 질량과 에너지가 4차원 시공간을 휘게 만들고, 물체들은 이 휘어진 시공간에서 가장 짧은 경로(측지선)를 따라 움직인다는 것이다.

존 휠러의 표현을 빌리자면, "물질은 시공간에게 어떻게 휘어야 할지 말해 주고, 시공간은 물질에게 어떻게 움직여야 할지 말해 준다."

이 이론의 예측은 놀라웠다. 수성 근일점의 미세한 이동, 태양 주변에서 빛의 굴절, 시간 지연 효과 등이 정확히 관측되었다. 최근에는 블랙홀 병합으로 인한 중력파까지 검출되어 아인슈타인의 천재성을 다시 한 번 입증했다.

그러나 일반상대성이론도 여전히 '왜'에 대한 답은 주지 못한다. 왜 질량은 시공간을 휘게 만드는가? 그 물리적 메커니즘은 무엇인가? 수학적 기술은 완벽하지만, 물리적 직관은 여전히 부족하다.

양자중력의 난제: 두 거인의 충돌

20세기 물리학은 두 개의 기둥 위에 서 있다. 일반상대성이론과 양자역학. 전자는 거시세계를, 후자는 미시세계를 지배한다. 문제는 이 두 이론이 근본적으로 양립하지 않는다는 것이다.

양자장론은 전자기력, 강력, 약력을 성공적으로 통합했다. 그러나 중력을 같은 틀에 넣으려는 모든 시도는 실패했다. 양자화된 중력 이론은 무한대라는 수학적 괴물을 낳았고, 이를 제거하기 위한 재규격화 과정도 통하지 않았다.

왜 중력만 특별한가? 혹시 우리가 중력의 본질을 잘못 이해하고 있는 것은 아닐까? 초끈이론, 루프양자중력 등 다양한 접근이 시도되었지만, 아직 결정적인 답은 없다.

2. 해례이론의 중력 개념: 공간 수렴 현상

전자 생성과 공간의 변화

해례이론은 중력의 기원을 원자의 가장 깊은 곳에서 찾는다. 양성자는 방 구조의 중심에서 초고속으로 회전한다. 이 회전은 단순한 운동이 아니라 존재의 방식이며, 방 구조 경계에서 끊임없이 전자를 생성한다.

여기서 핵심적인 일이 벌어진다. 전자가 생성되는 순간, 그 위치의 공간 에너지가 소모된다. 이는 마치 종이에 작은 구멍을 뚫는 것과 같다. 전자 하나가 나타날 때마다 공간에는 미세한 '빈 자리'가 생긴다.

자연은 진공을 싫어한다. 에너지 밀도가 낮아진 이 지점으로 주변의 공간이 자연스럽게 흘러든다. 한 개의 전자 생성은 미미한 효과지만, 물질 내의 수많은 원자에서 일어나는 전자 생성은 거시적인 공간 흐름을 만든다.

공간 수렴의 메커니즘

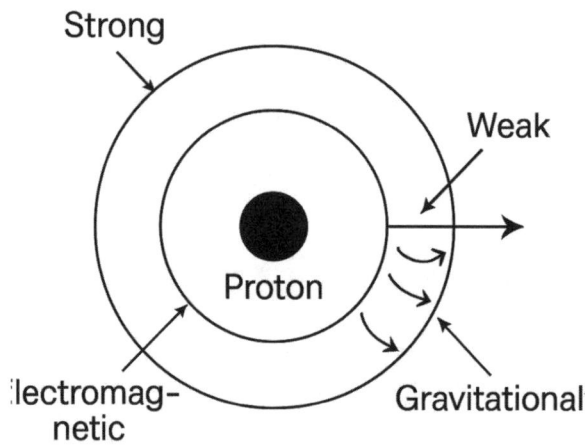

Room structure

공간 수렴은 다음과 같은 과정으로 진행된다.

국소적 에너지 감소: 전자 생성 시 해당 지점의 공간 에너지 밀도가 감소

압력 경사 형성: 주변과의 에너지 밀도 차이로 인한 압력 구배 발생

공간의 흐름: 높은 밀도에서 낮은 밀도로의 자연스러운 이동

연속적 수렴: 전자가 계속 생성되므로 흐름도 지속

이는 폭포의 비유로 이해할 수 있다. 물이 위에서 아래로 계속 떨어지므로 그 흐름이 유지되듯, 전자의 지속적 생성은 공간의 지속적 수렴을 유발한다.

중요한 점은 이것이 '당기는' 힘이 아니라는 것이다. 물체는 공간의 흐름에 실려 가는 것뿐이다. 강물에 떠 있는 나뭇잎이 하류로 흘러가듯, 물체는 수렴하는 공간과 함께 움직인다.

질량의 새로운 정의

해례이론에서 질량은 전혀 새로운 의미를 갖는다.

전통적 정의: 물질의 양, 관성의 척도

해례이론의 정의: 공간 수렴을 일으키는 능력

물체의 질량은 그것이 포함하는 원자의 수, 더 정확히는 전자 생성률에 비례한다. 더 많은 원자는 더 많은 전자 생성을 의미하고, 이는 더 강한 공간 수렴으로 이어진다.

이러한 관점은 등가원리를 자연스럽게 설명한다. 관성질량과 중력질량이 같은 이유는 둘 다 같은 메커니즘(공간 수렴)에서 비롯되기 때문이다. 물체가 가속에 저항하는 것도, 다른 물체를 향해 떨어지는 것도 모두 공간 수렴의 다른 측면일 뿐이다.

3. 우주 규모의 중력 현상

은하의 회전 곡선 문제와 암흑물질 재검토

나선은하의 회전 속도를 측정하면 이상한 결과가 나온다. 뉴턴 역학에 따르면 중심에서 멀어질수록 회전 속도가 느려져야 한다. 그러나 실제로는 외곽 별들도 빠른 속도를 유지한다. 이 불일치를 설명하기 위해 '암흑물질'이 도입되었다.

해례이론은 다른 가능성을 제시한다. 중력의 구조는 계란 프라이와 같다. 노른자(은하 중심)는 강한 중력원이고, 흰자(확장된 중력장)는 넓게 퍼진 영향력이다. 은하 중심의 집중된 질량이 만드는 공간 수렴은 우리가 생각하는 것보다 훨씬 멀리까지 영향을 미친다.

이 확장된 중력 구조가 외곽 별들의 빠른 회전을 가능하게 한다. 암흑물질은 실재하지 않을 수 있으며, 중력장의 자연스러운 확장 구조로 설명될 수 있다.

이는 현대 천체물리학에 중대한 의미를 갖는다. 우주 물질의 85%를 차지한다고 여겨지는 암흑물질이 실제로는 존재하지 않을 수 있으며, 단지 우리가 중력의 메커니즘을 완전히 이해하지 못했기 때문에 도입한 가설적 개념일 가능성이 높다.

중력 렌즈 효과의 새로운 해석

아인슈타인은 빛이 중력에 의해 휘어진다고 예측했다. 1919년 일식 관측으로 이것이 확인되었고, 오늘날 중력 렌즈는 우주를 연구하는 중요한 도구가 되었다.

일반상대성이론은 이를 시공간의 휨으로 설명한다. 해례이론은 다른 메커니즘을 제시한다.

강한 중력원 근처에서 공간 수렴이 강하다.

빛(전자의 선형 배열)이 이 영역을 통과할 때 속도가 변한다.

속도 변화가 빛의 경로를 휘게 만든다.

이는 렌즈에서 빛이 굴절하는 것과 유사한 원리다.

결과는 겉보기엔 유사하지만, 원인은 전혀 다르다. 해례이론은 공간의 기하학적 휨이 아니라, 전자 생성으로 인한 공간 밀도의 변화가 빛의 속도를 변동시키며 경로를 휘게 만든다고 본다.

중력파: 공간 수렴의 파동

2015년 LIGO의 중력파 검출은 물리학의 새 시대를 열었다. 두 블랙홀의 충돌이 만든 시공간의 떨림이 13억 년을 여행해 지구에 도달했다.

해례이론의 관점에서 중력파는, 거대 질량의 가속 운동이 공간 수렴 패턴을 변화시킨다.

이 변화가 파동으로 전파된다.

파동은 공간의 밀도 변화를 수반한다.

LIGO는 이 미세한 변화를 간섭계로 측정한다.

중력파는 시공간의 기하학적 변형이 아니라, 공간 수렴 패턴의 동적 변화다. 이는 우주의 가장 극적인 사건들을 연구하는 새로운 창이 되었다.

4. 일상에서 경험하는 중력 현상의 재해석

물체의 낙하: 당김이 아닌 흐름

사과가 나무에서 떨어진다. 우리는 이를 지구가 사과를 '당긴다'고 배웠다. 그러나 해례이론은 다르게 설명한다.

지구를 구성하는 막대한 수의 원자들이 전자를 생성한다.

이로 인해 지구 중심을 향한 거대한 공간 수렴이 발생한다.

사과 주변의 공간도 이 흐름에 합류한다.

사과는 수렴하는 공간과 함께 지구 중심으로 이동한다.

이는 근본적인 관점의 전환이다. 사과는 당겨지는 것이 아니라, 공간의 흐름에 실려 가는 것이다. 이 설명은 뉴턴이 답하지 못했던 "원격 작용" 문제를 해결한다.

행성의 궤도: 균형의 춤

행성이 타원 궤도를 그리는 것은 케플러의 위대한 발견이었다. 뉴턴은 역제곱 법칙으로 이를 수학적으로 증명했다. 해례이론은 그 물리적 메커니즘을 제공한다.

태양 주변의 공간 수렴은 거리에 따라 약해진다. 이는 3차원 구면의 표면적이 반지름의 제곱에 비례하여 증가하기 때문이다. 따라서 단위 면적당 수렴 강도는 $1/r^2$로 감소한다.

$$수렴\ 강도 \propto 1/r^2$$

이는 뉴턴의 역제곱 법칙과 동일한 결과를 만들지만, 그 물리적 메커니즘은 완전히 다르다. 뉴턴은 '당기는 힘'이라고 했지만, 해례이론에서는 '공간의 수렴 밀도 분산'이다.

행성은 두 가지 경향 사이에서 균형을 찾는다.

관성: 직선으로 나아가려는 경향

공간 수렴: 태양 쪽으로 빨려 들어가려는 경향

이 두 효과의 균형이 안정된 궤도를 만든다.

조석 현상: 복합적 메커니즘

바다의 밀물과 썰물은 달의 중력 때문이라고 배운다. 그런데 왜 지구 반대편에서도 밀물이 일어날까? 이는 많은 사람들을 혼란스럽게 하는 문제다.

해례이론의 관점에서, 달 쪽 밀물: 달의 공간 수렴이 바닷물을 끌어당긴다.

반대쪽 밀물: 지구-달 시스템의 회전으로 인한 원심력 효과

추가 요인: 태양의 공간 수렴도 조석에 기여(대조와 소조)

지구와 달은 공통 질량중심 주위를 함께 회전한다. 이 회전이 만드

는 원심력이 달 반대편의 물을 바깥쪽으로 밀어낸다. 조석은 단순한 중력 현상이 아니라, 중력과 회전운동의 복합 효과다.

5. 철학적 함의와 결론

존재와 상호작용

해례이론은 우주를 보는 근본적인 관점을 바꾼다.
모든 물질은 공간과 끊임없이 상호작용한다.
존재한다는 것은 공간 수렴을 일으킨다는 것이다.
중력은 존재의 부산물이 아니라 존재 자체의 표현이다.
이는 데카르트의 "나는 생각한다, 고로 존재한다"를 물리학적으로 재해석한 것이다. "나는 공간을 수렴시킨다, 고로 존재한다."

연결된 우주

중력을 통해 우주의 모든 것은 연결되어 있다.
가장 먼 은하도 우리에게 미세한 영향을 미친다.
우리의 존재도 우주 전체에 파급효과를 낳는다.
고립된 존재란 원리적으로 불가능하다.
이는 동양철학의 연기설이나 인드라망 사상과 공명한다. 과학이 철학과 만나는 지점이다.

새로운 통합을 향하여

중력을 끌어당기는 힘이 아닌 공간의 수렴으로 이해하는 것은 단순한 용어 변경이 아니다. 이는 우주를 바라보는 근본적인 패러다임 전환이다.

떨어지는 사과부터 회전하는 은하까지, 일상의 조석부터 우주의 거대 구조까지, 모든 것이 하나의 원리로 설명된다. 전자 생성이 만드는 공간 수렴, 이것이 중력의 진정한 얼굴이다.

이 새로운 이해는 양자역학과 중력의 통합이라는 물리학 최대 난제에 희망을 준다. 중력의 양자적 기원을 원자 수준의 전자 생성에서 찾음으로써, 거시세계와 미시세계를 자연스럽게 연결할 수 있게 된다.

우리가 매일 경험하는 중력 속에는 여전히 우주의 깊은 비밀이 숨어 있다. 그 비밀을 푸는 열쇠는 바로 우리 발밑에, 떨어지는 사과 속에 있을지도 모른다. 해례이론이 제시하는 공간 수렴 메커니즘은 그 해답에 한 걸음 더 다가서게 한다.

14장. 질량이라는 환상:
공간의 작용이 만드는 무게

질량은 물리학의 가장 근본적인 개념 중 하나이면서도 가장 이해하기 어려운 개념이다. 우리는 일상에서 무게와 관성을 통해 질량을 경험하지만, 이 질량의 본질은 무엇인가? 왜 물체는 질량을 가지는가? 이 근본적인 질문은 현대 물리학의 발전에도 불구하고 여전히 온전히 답해지지 않고 있다.

현대 물리학은 질량을 설명하기 위해 추상적인 개념들을 도입했다. 표준모형에서는 힉스 메커니즘을 통해 입자들이 질량을 얻는다고 말한다. 그러나 이러한 설명은 수학적 형식주의에 의존하여 질량의 물리적 메커니즘을 직관적으로 이해하기 어렵게 만든다. 우리는 '어떻게' 일어나는지는 알지만, '왜' 그리고 '무엇이' 일어나는지에 대한 깊은 이해는 부족하다.

전장에서 우리는 중력이 단순한 끌어당김이 아니라 공간의 수렴 현상임을 살펴보았다. 이번 장에서는 이 관점을 확장하여 질량 자체를 재해석하고자 한다. 해례이론에 따르면, 질량은 물체의 고유한 속성이 아니라 공간의 작용이다. 이 관점은 우리에게 질량에 대한 더 직관적인 이해를 제공하고, 표준모형의 추상적 설명을 넘어서는 통찰을 가능하게 한다.

1. 현대 물리학의 질량 개념과 그 한계

질량의 역사적 이해 변천

질량에 대한 우리의 이해는 물리학의 발전과 함께 변화해왔다. 아리스토텔레스 시대에는 질량을 물체의 '양'으로 단순히 이해했다. 뉴턴 역학에서는 질량이 두 가지 측면으로 나타난다. 관성 질량은 물체가 운동 상태 변화에 저항하는 정도를, 중력 질량은 중력의 영향을 받는 정도를 나타낸다. 이 두 질량이 동일하다는 사실은 물리학의 심오한 수수께끼 중 하나로 남아 있다.

아인슈타인의 특수상대성이론은 질량과 에너지의 등가성($E=mc^2$)을 보여 주었고, 질량이 절대적인 개념이 아니라 상대적임을 드러냈다. 일반상대성이론에서는 질량이 시공간을 휘게 만드는 원인으로 설명된다. 그러나 물체의 질량이 왜 시공간을 휘게 만드는지, 그 물리적 메커니즘은 여전히 설명되지 않았다.

표준모형과 힉스 메커니즘의 한계

현대 입자물리학의 표준모형에서 질량은 힉스 메커니즘을 통해 설명된다. 이 메커니즘에 따르면, 우주는 힉스장으로 가득 차 있으며, 기본 입자들은 이 장과 상호작용하면서 질량을 획득한다. 상호작용이 강할수록 더 큰 질량을 갖게 된다.

그러나 이 설명에도 여러 근본적인 한계가 있다:

첫째, 표준모형은 입자들의 질량을 예측하지 못하고 실험적으로 측정된 값을 이론에 '손으로 집어넣어야' 한다. 왜 전자의 질량이 정확히 그 값인지에 대한 근본적 설명이 없다.

둘째, 힉스 메커니즘은 추상적인 대칭성 깨짐이라는 수학적 개념에 기반하여 설명되기 때문에 물리적 직관으로 이해하기 어렵다.

셋째, 표준모형은 우주 질량의 약 5%만을 설명할 수 있다. 나머지 95%는 암흑 물질과 암흑 에너지로 이루어져 있다고 추정되지만, 그 본질에 대해서는 여전히 미지의 영역으로 남아 있다.

질량과 중력의 미스터리

현대 물리학의 가장 큰 미스터리 중 하나는 질량과 중력의 관계이다. 아인슈타인의 등가 원리에 따르면, 관성 질량과 중력 질량은 동일하다. 그러나 왜 이 두 가지가 정확히 같은지에 대한 근본적인 설명은 없다.

더 나아가, 중력을 양자적 수준에서 설명하려는 모든 시도는 지금까지 성공하지 못했다. 양자역학과 일반상대성이론은 서로 다른 수학적 기초와 개념적 틀을 가지고 있어, 이 둘을 통합하는 것은 현대 물리학의 가장 큰 도전 중 하나로 남아 있다.

이러한 현대 물리학의 한계와 미스터리는 질량에 대한 새로운 관점, 더 직관적이고 통합적인 이해의 필요성을 시사한다.

3. 해례이론의 질량 개념: 공간 작용으로서의 질량

방 구조와 공간 작용의 기본 원리

해례이론의 질량 개념을 이해하기 위해서는 앞서 설명한 방 구조의 원리를 상기할 필요가 있다. 전 장에서 살펴보았듯, 방 구조는 초고속으로 회전하는 양성자와 그를 둘러싼 구형 경계(중성자)로 이루어져 있다. 양성자의 고속 회전은 방 구조 경계 부근에서 전자 생성을 유발한다.

이 고속 회전은 주변에서 오는 파동 에너지로 지속적으로 공급되며, 우주 전체의 원자들이 서로 상호작용하여 열평형을 향해 나아가는 거대한 에너지 네트워크의 일부로 작동한다.

이제 질량의 관점에서 이 과정을 살펴보자. 전자가 생성될 때, 그 지점의 공간 에너지는 소모되어 주변보다 에너지 밀도가 낮아진다. 이 낮아진 에너지 밀도는 주변 공간의 수렴을 유발한다. 이 공간 수렴 현상이 바로 전 장에서 설명한 중력의 본질이다.

해례이론에서는 한 걸음 더 나아가, 질량 자체를 이 공간 수렴 현상으로 정의하며, 이는 수학적으로 다음과 같이 표현된다.

$$m \propto dN_e/dt$$

(질량은 전자 생성률에 비례)

질량은 물체의 고유한 속성이 아니라, 방 구조의 전자 생성 과정이 주변 공간에 미치는 영향의 결과물이다. 다시 말해, 질량은 '물질이 가진 것'이 아니라 '공간이 물질에 행하는 것'이다.

이는 전 장에서 설명한 양성자의 초고속 회전이 방 구조 경계에서 전자를 지속적으로 생성하는 메커니즘과 직접 연결된다.

이러한 관점에서 질량과 중력은 동일한 현상의 두 측면이 된다. 질량은 공간 수렴 현상의 원인이자 결과이며, 중력은 이 수렴 현상이 여러 물체 사이에서 나타나는 상호작용이다.

질량과 관성의 물리적 메커니즘

뉴턴 역학에서 관성은 물체가 외부 힘이 작용하지 않을 때 현재의 운동 상태를 유지하려는 경향이다. 그러나 왜 물체가 이러한 관성을 가지는지에 대한 근본적인 설명은 제공하지 않는다.

해례이론은 관성에 대한 물리적 설명을 제공한다. 물체가 움직일 때, 그 내부의 방 구조들이 생성하는 전자와 그로 인한 공간 수렴 패턴도 함께 이동해야 한다. 그러나 이 패턴은 단순히 방 구조를 '따라다니는' 것이 아니라, 주변 공간의 상태와 복잡하게 연관되어 있다.

물체의 속도가 변할 때, 전자 생성-소멸 패턴과 공간 수렴 패턴은 즉각적으로 적응하지 못하고 일종의 '지연'이 발생한다. 이 지연이 바로 관성의 물리적 기반이다.

예를 들어, 정지해 있던 물체에 힘을 가하면, 물체 내부의 방 구조들은 움직이기 시작하지만, 그들의 전자 생성-소멸 패턴과 공간 수렴 패턴은 즉시 따라가지 못한다. 이로 인해 방 구조와 그 주변 공간 패턴 사이에 '긴장'이 발생하고, 이 긴장이 물체의 가속에 저항하는 힘으로 나타난다.

이러한 설명은 관성이 물체 자체의 고유한 성질이 아니라, 물체와 주변 공간 사이의 상호작용에서 비롯된다는 것을 보여준다. 이는 마흐의 원리와 일맥상통하는 관점이다.

$$F \propto \nabla p\_space$$

(힘은 공간 밀도 구배에 비례)

질량-에너지 등가성의 직관적 이해

아인슈타인의 유명한 공식 $E=mc^2$는 질량과 에너지가 서로 변환될 수 있는 같은 실체의 다른 표현임을 보여 준다. 이 등가성은 현대 물리학의 근간이지만, 그 물리적 메커니즘에 대한 직관적 이해는 여전히 부족하다.

해례이론은 이 등가성에 대한 직관적 설명을 제공한다. 방 구조의 회전 에너지는 전자 생성과 공간 수렴을 통해 질량으로 표현된다. 회전 에너지가 증가하면 더 많은 전자가 생성되고, 이는 더 강한 공간 수렴으로 이어져 질량이 증가한다. 반대로, 질량이 감소하면 그것은 회전 에너지가 다른 형태로 전환되었음을 의미한다.

이러한 관점에서 질량과 에너지의 등가성은 단순한 수학적 관계가 아니라, 방 구조의 회전과 공간 수렴이라는 구체적인 물리적 메커니즘을 통해 이해된다.

4. 움직이는 물체의 질량 증가 현상

속도에 따른 질량 변화의 새로운 이해

특수상대성이론에 따르면, 물체의 속도가 증가할수록 그 질량도 증가한다. 이는 로렌츠 변환을 통해 수학적으로 정확하게 기술되지만, 그 물리적 메커니즘에 대한 직관적 이해는 제공되지 않는다.

해례이론은 움직이는 물체의 질량 증가에 대한 물리적 설명을 제공한다. 물체가 빠르게 움직일 때, 그것은 주변에 존재하는 파동들의 에너지를 단위 시간당 더 많이 획득한다. 마치 빗속을 달리는 사람이 서 있는 사람보다 더 많은 빗방울에 맞는 것과 유사하다.

물체가 획득한 이 추가 에너지는 방 구조의 회전 에너지를 증가시키고, 이는 더 많은 전자 생성과 더 강한 공간 수렴을 유발한다. 이것이 바로 움직이는 물체의 질량이 증가하는 물리적 메커니즘이다.

이러한 설명은 힉스 메커니즘의 본질을 다른 관점에서 보여 준다. 물체의 속도 증가에 따른 에너지 획득, 그리고 이 에너지가 방 구조의 회전을 통해 질량으로 표현되는 과정이 바로 힉스 메커니즘의 실제 의미이다.

광속과 질량의 관계

특수상대성이론에 따르면, 물체의 속도가 광속에 가까워질수록 그 질량은 무한대로 증가한다. 이는 물질이 광속에 도달하는 것이 불가능함을 의미한다.

해례이론에서는 이 현상이 왜 발생하는지 직관적으로 설명한다. 물체의 속도가 빨라질수록 주변 공간으로부터 획득하는 에너지가 증가하고, 이는 방 구조의 회전 에너지를 증가시킨다. 속도가 광속에 가까워지면, 물체는 주변으로부터 너무 많은 에너지를 획득하게 되어 그 에너지를 모두 방 구조의 회전으로 변환할 수 없게 된다.

다른 관점에서 보면, 광속은 공간을 통한 에너지 전달의 자연적 한계이다. 빛은 전자 생성–소멸 과정에서 발생하는 에너지 파동으로, 그 전파 속도는 공간의 구조적 특성에 의해 결정된다. 물질이 광속에 도달하려면 무한한 에너지를 필요로 하는 이유는, 그것이 본질적으로 공간의 에너지 전달 메커니즘의 한계를 넘어서려는 시도이기 때문이다.

이는 전 장에서 설명한 빛의 본질과 직결된다. 빛은 전자 생성–소멸 과정에서 발생하는 공간 출렁거림의 전파이며, 그 속도는 공간 자체의 구조적 한계이다. 따라서 물질이 광속에 도달한다는 것은 곧 공간의 기본 구조를 넘어서려는 시도와 같다.

5. 기본 입자의 질량 구조 설명

전통적 '쿼크' 개념의 재해석

표준모형에서는 양성자와 중성자가 '업 쿼크'와 '다운 쿼크'라 불리는 더 기본적인 입자들로 구성되어 있다고 설명한다. 이 쿼크들은 $2/3e$

나 −1/3e와 같은 분수 전하를 가진다고 가정한다.

그러나 이러한 분수 전하 개념은 직관적 이해를 벗어난다. 우리의 일상 경험에서 모든 것은 정수 단위로 존재한다. 사과 1/3개, 바나나 2/3개와 같은 개념이 비직관적인 것처럼, 전하가 1/3e나 2/3e인 입자도 마찬가지로 직관적이지 않다.

해례이론에서는 쿼크를 독립적인 물리적 실체보다는 방 구조 회전 패턴의 수학적 표현으로 해석한다. 쿼크와 그 속성(분수 전하 등)은 양성자의 운동을 분석하는 과정에서 나온 수학적 해석일 뿐이다. 분수 전하는 실제 물리적 실체가 아니라, 방 구조의 회전 패턴을 수학적으로 표현한 것이다.

이런 관점에서 소위 1, 2, 3세대 쿼크라 불리는 현상은 실제로 각기 다른 입자가 아니라, 1세대 쿼크의 운동이 특정 조건에서 특별한 패턴을 보이는 창발적 현상이다. 다양한 "쿼크들"은 실제로 존재하는 다른 입자들이 아니라, 동일한 기본 구조(방 구조)의 다양한 운동 상태와 패턴을 수학적으로 표현한 것일 뿐이다.

기본 입자의 질량 차이 원인

표준모형에서는 기본 입자들의 질량 차이가 힉스장과의 상호작용 강도 차이에서 비롯된다고 설명한다. 그러나 왜 특정 입자가 다른 입자보다 힉스장과 더 강하게 상호작용하는지에 대한 근본적 설명은 없다.

해례이론은 입자들의 질량 차이에 대한 직관적 설명을 제공한다. 방 구조의 회전 패턴과 복잡성이 질량을 결정한다. 회전이 더 빠르고 복잡할수록 더 많은 전자가 생성되고, 더 강한 공간 수렴이 일어나 질량이 커진다.

양성자는 방 구조의 중심에서 고속으로 회전하는 에너지 응집체다. 이 회전은 주변에 전자 생성-소멸 패턴을 형성하고, 공간 수렴을 유발한다. 더 빠른 회전은 더 많은 전자 생성과 더 강한 공간 수렴을 의미하며, 이는 더 큰 질량으로 표현된다.

전자는 방 구조 주변에서 생성되는 에너지 패턴이다. 그것은 독립적인 입자가 아니라, 양성자의 회전에 의해 지속적으로 생성되고 소멸되는 현상이다. 전자의 질량은 그것이 형성하는 공간 수렴의 정도에 비례한다.

이러한 관점에서 다양한 입자들의 질량 차이는 그들이 형성하는 방 구조의 회전 패턴 차이에서 비롯된다. 더 복잡하고 빠른 회전 패턴을 가진 입자일수록 더 큰 질량을 가진다.

6. 힉스 메커니즘의 재해석

대칭성 깨짐의 물리적 의미

표준모형에서 힉스 메커니즘은 '자발적 대칭성 깨짐'이라는 수학적 개념을 통해 설명된다. 이 수학적 형식주의는 정확한 예측을 제공하지만, 그 물리적 의미는 직관적으로 이해하기 어렵다.

해례이론은 대칭성 깨짐에 대한 물리적 해석을 제공한다. 대칭성 깨짐은 방 구조의 회전 패턴이 특정한 방향과 모드로 안정화되는 현상이다. 초기에는 모든 가능한 회전 방향과 패턴이 동등했지만, 시간이 지남에 따라 특정 패턴이 안정화되면서 '대칭성'이 깨진 것이다.

이는 마치 회전하는 물체가 특정 축을 중심으로 안정된 회전을 하게 되는 것과 유사하다. 초기에는 모든 회전 축이 가능하지만, 결국 가장 안정된 회전 모드로 수렴한다. 이 과정에서 원래의 방향적 대칭성이 깨진다.

이러한 회전 패턴의 안정화가 바로 입자들이 질량을 '획득'하는 물리적 메커니즘이다. 회전 패턴이 안정화되면, 그것은 일정한 비율로 전자를 생성하고, 이는 일정한 공간 수렴(질량)으로 표현된다.

힉스 장의 물리적 실체

표준모형에서 힉스 장은 우주 전체에 퍼져 있으며, 입자들이 이 장과 상호작용하면서 질량을 얻는다고 설명한다. 그러나 이 '장'의 물리적 실체는 무엇인가?

해례이론에서 힉스 장은 공간 자체의 에너지 구조로 해석된다. 공간은 단순한 '빈 공간'이 아니라, 에너지 밀도를 가진 구조적 실체이다. 방 구조의 회전은 이 공간 에너지 구조와 상호작용하며, 이 상호작용의 정도가 입자의 질량을 결정한다.

다시 말해, 힉스 장은 추상적인 수학적 개념이 아니라, 공간의 에너지 구조라는 물리적 실체이다. 입자들이 이 구조와 상호작용하는 방식이 바로 표준모형에서 말하는 '힉스 메커니즘'의 실제 물리적 의미이다.

이러한 관점은 왜 모든 입자가 힉스 장과 다른 강도로 상호작용하는지에 대한 설명을 제공한다. 다른 회전 패턴을 가진 방 구조는 공간 에너지 구조와 다른 방식으로 상호작용하며, 이 차이가 다양한 입자들의 질량 차이를 유발한다.

7. 질량과 중력의 통합적 이해

중력과 질량의 본질적 동일성

해례이론에서 질량과 중력은 동일한 현상의 두 측면이다. 이는 아인슈타인의 등가 원리가 제시하는 관성 질량과 중력 질량의 동일성에 대한 물리적 설명을 제공한다.

관성 질량은 방 구조의 회전이 전자 생성-소멸을 통해 주변 공간과 상호작용하는 특성이다. 중력 질량은 이 전자 생성-소멸로 인한 공간 수렴 현상이 다른 물체에 미치는 영향이다.

이 두 측면이 동일한 이유는 둘 다 근본적으로 같은 현상-방 구조의 회전이 전자 생성-소멸을 통해 공간 수렴을 유발하는 과정-에서 비롯되기 때문이다. 관성은 방 구조와 그 주변 공간 수렴 패턴 사이의 상호작용이며, 중력은 여러 물체 주변의 공간 수렴 패턴들 사이의 상호작용이다.

이러한 통합적 이해는 물리학의 오랜 미스터리였던 관성 질량과 중력 질량의 동일성에 대한 직관적 설명을 제공한다.

양자중력의 새로운 가능성

현대 물리학의 가장 큰 도전 중 하나는 양자역학과 중력이론의 통합이다. 양자장론으로 다른 세 가지 기본 힘(전자기력, 강력, 약력)을 성공적으로 설명했지만, 중력은 여전히 이 틀 안에 포함시키지 못하고 있다.

해례이론은 이 문제에 대한 새로운 접근법을 제시한다. 질량과 중력을 공간 수렴 현상으로 이해하면, 이는 본질적으로 양자적 과정인 전자의 생성-소멸과 직접 연결된다.

방 구조, 전자 생성-소멸, 공간 수렴이라는 통합된 메커니즘을 통해, 해례이론은 중력을 다른 힘들과 동일한 기반에서 이해할 수 있는 가능성을 제시한다. 이는 양자역학과 중력이론을 통합하는 새로운 길을 열어 준다.

이러한 접근법은 양자중력의 가장 어려운 문제 중 하나인 배경 독립성 문제에도 새로운 시각을 제공한다. 해례이론에서 공간은 단순한 배경이 아니라, 에너지 밀도를 가진 동적 구조이기 때문이다.

8. 실험적 검증 가능성

해례이론의 질량 개념은 단순한 철학적 사변이 아니라, 구체적인 실험을 통해 검증 가능한 예측을 제시한다. 이러한 실험 가능성은 이론의 과학적 타당성을 평가하는 데 중요하다.

온도와 질량의 관계 실험

해례이론은 물체의 온도가 그 질량에 미세한 영향을 미칠 수 있다고 예측한다. 온도가 올라가면 방 구조의 회전 에너지가 증가하고, 이는 전자 생성률과 공간 수렴 강도에 영향을 미칠 수 있다.

이러한 예측을 검증하기 위해, 동일한 물체를 서로 다른 온도로 유지하면서 그 질량을 초정밀 저울로 측정하는 실험을 설계할 수 있다. 온도 차이가 클수록 질량 차이도 더 뚜렷하게 나타날 것이므로, 극단적인 온도 차이(예: 액체 헬륨 온도와 수백 도의 고온)를 사용하면 효과가 더 두드러질 수 있다.

전자기장이 질량에 미치는 영향

해례이론에 따르면, 강한 전자기장이 방 구조의 회전과 전자 생성 패턴에 영향을 미칠 수 있고, 이는 결과적으로 물체의 질량에 미세한 변화를 가져올 수 있다.

이를 검증하기 위해, 강력한 전자기장 내에서 물체의 무게를 정밀하게 측정하는 실험을 설계할 수 있다. 전자기장이 켜져 있을 때와 꺼져 있을 때의 미세한 질량 차이가 감지된다면, 이는 해례이론의 예측을 뒷받침하는 증거가 될 수 있다.

회전하는 물체의 질량 변화

해례이론은 물체의 회전이 그 질량에 영향을 미칠 수 있다고 예측한다. 물체가 빠르게 회전할 때, 내부의 방 구조들의 회전 패턴이 변화하고, 이는 전자 생성 패턴과 공간 수렴에 영향을 미칠 수 있다.

이러한 예측을 검증하기 위해, 동일한 물체를 정지 상태와 고속 회전 상태에서 질량을 비교하는 실험을 설계할 수 있다. 회전 속도가 빠를수록 질량 변화가 더 뚜렷할 것이므로, 가능한 한 높은 회전 속도를 사용하는 것이 중요하다.

이러한 실험들은 해례이론의 질량 개념을 직접적으로 검증할 수 있는 방법을 제공한다. 물론, 예상되는 효과는 매우 미세할 수 있으므로, 고정밀 측정 기술이 필수적이다.

현재 기술로는 10^{-18} 킬로그램 수준의 질량 변화까지 측정 가능하며, 이는 해례이론이 예측하는 효과를 검증하기에 충분한 정밀도이다. 특히 중력파 검출기 LIGO의 성공은 이러한 미세한 효과도 측정 가능함을 보여 준다.

그러나 현대 물리학의 측정 기술은 지속적으로 발전하고 있으며, 이러한 미세한 효과도 점차 감지 가능한 영역으로 들어오고 있다.

9. 미래 연구 방향

해례이론의 질량 개념은 현대 물리학의 여러 미해결 문제들에 대한 새로운 접근법을 제시한다. 이를 바탕으로 한 향후 연구 방향은 다음과 같다.

입자 질량 스펙트럼의 이론적 도출

해례이론의 관점에서, 기본 입자들의 질량은 그들의 방 구조 회전 패턴과 전자 생성 비율에 따라 결정된다. 이러한 이해를 바탕으로, 다양한 입자들의 질량을 이론적으로 도출하는 연구가 가능하다.

방 구조의 다양한 안정적 회전 모드를 수학적으로 모델링하고, 각 모드가 생성하는 전자 패턴과 공간 수렴 강도를 계산함으로써, 입자들의 질량 스펙트럼을 예측할 수 있을 것이다. 이는 표준모형이 실험적으로 결정해야 하는 자유 매개변수들을 이론적으로 도출하는 가능성을 제시한다.

암흑 물질과 암흑 에너지에 대한 새로운 접근

현대 우주론의 가장 큰 미스터리 중 하나는 우주 질량-에너지의 95%를 차지하는 암흑 물질과 암흑 에너지의 본질이다. 해례이론의 질량과 공간 개념은 이 문제에 새로운 시각을 제공할 수 있다.

예를 들어, 암흑 물질은 표준적인 방 구조와는 다른 회전 패턴을 가진 에너지 구조일 수 있다. 전 장에서 논의한 은하 회전 곡선 문제도 이 관점에서 새롭게 해석된다. 암흑물질이라는 가설적 존재를 도입하는 대신, 방 구조의 다양한 회전 패턴과 그로 인한 공간 수렴의 복잡한 분포로 설명할 수 있다.

이러한 구조는 전자기적으로 관측 가능한 전자를 생성하지 않지만, 공간 수렴은 유발하여 중력적 효과는 나타낼 수 있다.

암흑 에너지는 방 구조들 사이의 거대한 공간에서 발생하는 미세한 에너지 밀도 변동으로 볼 수 있다. 이러한 변동이 큰 규모에서는 공간 발산(우주 가속 팽창)으로 나타날 수 있다.

이러한 접근법은 암흑 물질과 암흑 에너지를 더 이상 신비로운 별개의 실체가 아닌, 방 구조와 공간 작용의 틀 안에서 이해할 수 있는 가능성을 제시한다.

양자중력 연구의 새로운 방향

해례이론의 질량과 중력 개념은 양자중력 연구에 새로운 방향을 제시한다. 중력을 공간 수렴 현상으로, 질량을 방 구조의 전자 생성 효과로 이해하는 관점은, 중력을 다른 양자적 상호작용과 동일한 기반에서 이해할 수 있는 길을 열어 준다.

이러한 접근법은 양자장론과 일반상대성이론의 수학적 형식주의를 직접 결합하려 했던 기존 양자중력 연구와는 다른 방향이다. 해례이론은 두 이론의 공통된 물리적 기반-방 구조의 회전과 공간 수렴-을 찾아, 이를 통해 두 이론을 더 근본적인 차원에서 통합하고자 한다.

이러한 연구는 궁극적으로 자연의 모든 현상을 하나의 통합된 원리로 설명하는 '모든 것의 이론'을 향한 중요한 단계가 될 수 있다.

10. 맺음말: 질량에 대한 근본적 성찰과 철학적, 실용적 함의

질량이 무엇인가라는 질문은 단순한 물리학적 의문을 넘어, 존재의 본질에 대한 근본적 물음이다. 해례이론은 질량을 물체의 고유한 속성이 아닌, 방 구조의 회전이 공간에 미치는 영향으로 재해석함으로써, 우리의 존재에 대한 새로운 시각을 제시한다.

이 관점에서 우리의 존재는 정적인 '물질'이 아니라, 끊임없이 진행되는 동적 과정이다. 우리 몸을 구성하는 원자들의 방 구조는 지속적으로 회전하며 전자를 생성하고, 공간과 상호작용한다. 이러한 끊임없는 상호작용이 바로 우리가 '질량'이라고 부르는 것이다.

이는 우리가 우주와 분리된 존재가 아니라, 우주와 지속적으로 상호작용하는 역동적인 과정의 일부임을 의미한다. 우리의 '물질성'은 고정된 속성이 아니라, 공간과의 관계 속에서 매 순간 새롭게 창조되는 것이다.

해례이론의 질량 개념은 이러한 존재론적 통찰을 과학적 이론의 형태로 제시한다. 이는 물리학이 단순히 현상을 기술하는 것을 넘어, 존재의 본질에 대한 깊은 이해로 이어질 수 있는 가능성을 보여 준다.

질량이 공간의 작용이라는 이해는 우리를 물리적 세계와 더 깊게 연결시키며, 우주 속에서 우리의 위치와 역할에 대한 새로운 성찰을 가능하게 한다. 이것이 바로 해례이론이 제시하는 질량에 대한 새로운 이해의 궁극적 의미이다.

이 관점은 물질과 공간의 이분법을 무너뜨린다. 전통적으로 물질과 공간은 별개의 존재로 간주되었으나, 해례이론에서는 물질의 가장 기본적인 속성인 질량조차 물질과 공간의 상호작용에서 발생한다. 이는 물질과 공간이 서로 분리된 실체가 아니라, 동일한 현실의 서로 다른 측면임을 시사한다.

또한 질량에 대한 이러한 이해는 우주에 대한 통합된 시각을 제공한다. 질량, 에너지, 공간이 모두 동일한 근본 현상-회전과 응집, 발산과 수렴-의 서로 다른 표현이라면, 우주는 더 이상 서로 다른 법칙에 의해 지배되는 별개의 영역들로 구성된 것이 아니라, 하나의 통합된 전체로 이해될 수 있다.

실용적 측면에서, 이 새로운 이해는 질량과 에너지의 상호작용에 기반한 새로운 기술 개발 가능성을 제시한다. 만약 질량이 정적인 속성이 아니라 동적 과정의 결과라면, 이 과정에 영향을 미치는 방법을 찾을 수 있을 것이다. 이는 에너지 생산, 중력 제어, 공간 구조 조작과 같은 혁신적 기술로 이어질 수 있다.

해례이론의 질량 개념은 또한 우리가 자신과 우주와의 관계를 바라보는 방식에도 영향을 미친다. 우리 몸의 질량조차 주변 공간과의 지속적인 상호작용의 결과라면, 우리는 우주와 분리된 존재가 아니라 우주와 끊임없이 교류하는 존재임을 의미한다. 이는 자연과 인간의 관계에 대한 더 깊은 이해로 이어질 수 있다.

물리학의 역사는 질량, 에너지, 공간과 같은 개념들에 대한 이해가 깊어질 때마다 인류의 세계관이 크게 변화해 왔음을 보여 준다. 뉴턴 역학, 상대성이론, 양자역학이 각각 그러했듯이, 해례이론의 질량에 대한 새로운 이해도 과학과 철학, 더 나아가 인류의 자기 인식에 깊은 영향을 미칠 수 있다.

질량이 공간의 작용이라는 개념은 단순한 이론적 재해석을 넘어, 우리가 물질, 공간, 그리고 궁극적으로 존재 자체를 이해하는 방식을 변화시킬 수 있는 잠재력을 가지고 있다. 이는 물리학이 단순히 현상을 기술하는 것을 넘어, 더 깊은 존재론적 통찰을 제공할 수 있는 가능성을 열어 준다.

15장. 갈릴레오를 넘어서: 두 물체의 낙하

1. 서론: 400년 된 실험에 던지는 새로운 질문

1589년, 피사의 사탑. 전설에 따르면 갈릴레오는 무게가 다른 두 구를 동시에 떨어뜨려 아리스토텔레스의 오랜 교리를 뒤엎었다. 무거운 물체가 가벼운 물체보다 빨리 떨어진다는 2천 년의 믿음이 한 순간에 무너진 것이다.

이 단순해 보이는 실험은 물리학 역사상 가장 중요한 전환점 중 하나가 되었다. 뉴턴은 이를 바탕으로 만유인력의 법칙을 세웠고, 아인슈타인은 등가원리로 발전시켜 일반상대성이론의 초석을 놓았다. 모든 물체는 질량에 관계없이 동일한 가속도로 낙하한다–이것은 현대 물리학의 근본 원리가 되었다.

그러나 정말 그럴까? 우리는 갈릴레오의 실험을 너무 단순하게 받아들인 것은 아닐까? 만약 두 물체가 정확히 동시에 떨어지지 않는다면? 그 차이가 너무 미세해서 우리가 감지하지 못하는 것뿐이라면?

해례이론은 이 오래된 실험에 새로운 빛을 비춘다. 원자 수준에서 작용하는 중력의 본질, 측정의 한계와 실재의 간극, 그리고 우리가 당연하게 여겨온 물리법칙들이 사실은 근사치일 수 있다는 가능성. 이 모든 요소들이 우리가 당연하게 여겨온 '동시 낙하'에 의문을 제기한다.

이 장에서는 갈릴레오부터 아인슈타인까지 이어진 낙하 법칙의 역사를 재검토하고, 해례이론이 제시하는 새로운 관점을 탐구한다. 두 물체의 낙하라는 단순한 현상 속에 숨어 있는 우주의 비밀을 파헤쳐 보자.

2. 등가원리의 재검토: 완벽한 대칭인가, 정교한 근사인가?

뉴턴의 우아한 해결과 그 함의

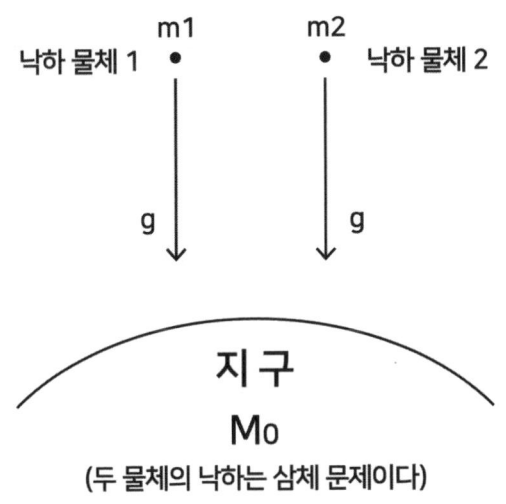

(두 물체의 낙하는 삼체 문제이다)

뉴턴 역학은 물체의 낙하를 간단명료하게 설명한다:

중력의 법칙: F = mg(중력은 질량과 중력가속도의 곱) 운동의 제2

법칙: F = ma(힘은 질량과 가속도의 곱)

이 두 식을 결합하면: mg = ma → a = g

질량 m이 양변에서 상쇄되어, 모든 물체는 동일한 가속도 g로 낙하한다는 결론이 나온다. 이 얼마나 우아한 해결인가! 복잡한 현실이 단순한 수식으로 정리되는 순간이다.

그런데 이 '상쇄'는 정말 완벽한가? 수학적으로는 분명히 성립하지만, 물리적 실재에서도 정확히 성립하는가?

그러나 이는 실험 조건이 매우 제한적일 때에만 유효한 근사적 관찰이다. 실제로 두 물체의 낙하는 '삼체 문제'에 해당한다. 낙하라는 현상 자체가 이미 지구라는 거대 질량을 전제로 구성된 상호작용의 일부이며, 두 물체 또한 지구 중력에 대응하면서 서로 다른 방식으로 공간을 수렴시키고 있다. 특히 질량이 큰 쪽은 더 많은 중력 인자를 가지므로 더 강한 공간 수렴을 일으키며, 지구와의 상호작용에 있어서 미세하지만 분명한 차이를 만들어 낸다.

일상적인 실험에서는 물체들의 질량 차가 수 킬로그램 이내에 불과하므로, 이로 인한 낙하 속도 차이는 수 나노미터 단위로 극히 미세하다. 그러나 사고실험의 범위를 확장하여, 예컨대 지구와 달 사이에 걸친 길이 38만 킬로미터의 거대한 막대를 동시에 낙하시킨다면, 그 막대는 지구 쪽이 더 빠르게 낙하할 것이다. 질량 중심과 중력 작용점이 같지 않기 때문이다.

즉, "모든 물체는 똑같이 떨어진다"는 결론은 수학적으로는 매끄럽지만, 실제 물리계의 상호작용을 설명하기에는 불충분하다. 질량의 상쇄라는 형식적 결과는 물리적 상호작용의 구조를 감추고 있으며, '하나의 물체'가 아니라 '두 개의 실체'가 참여하는 낙하라면, 그 상호작용의 비대칭성은 결코 무시될 수 없는 것이다.

아인슈타인의 등가원리와 그 가정들

아인슈타인은 이를 더욱 근본적인 원리로 승화시켰다. 그의 등가원리는 중력질량과 관성질량이 동일하다고 선언한다.

중력질량: 물체가 중력을 받는 정도를 결정

관성질량: 물체가 가속에 저항하는 정도를 결정

이 둘이 정확히 같기 때문에, 모든 물체는 동일하게 낙하한다는 것이다. 이는 단순한 수학적 우연이 아니라 우주의 근본 원리라고 아인슈타인은 주장했다.

그러나 이 원리는 몇 가지 암묵적 가정을 포함한다.

점질량 근사: 물체를 무차원 점으로 취급

균일 중력장: 중력이 물체 전체에 걸쳐 동일

이상적 진공: 다른 모든 힘의 완전한 배제

무한 정밀도: 측정 오차의 완전한 무시

실제 세계에서 이런 조건들이 완벽하게 성립할까?

실험적 검증의 한계

등가원리는 수많은 실험으로 검증되었다:

달에서의 실험(1971): 아폴로 15호의 데이비드 스콧이 망치와 깃털을 동시에 떨어뜨렸다. 공기가 없는 달에서 두 물체는 정확히 동시에 지면에 도달했다.

에트뵈시 실험: 다양한 물질로 만든 물체들의 중력 가속도를 비교하는 이 실험은 현재 10^{-13} 수준의 정밀도로 등가원리를 확인했다.

원자 간섭계 실험: 최신 양자 기술을 이용한 실험들은 더욱 정밀한 검증을 가능하게 했다.

그러나 이 모든 성공에도 불구하고 근본적인 한계가 있다.

측정 해상도의 한계: 아무리 정밀한 장비도 무한한 정밀도를 가질 수는 없다. 만약 두 물체의 낙하 시간 차이가 현재 기술의 측정 한계보다 작다면?

이상화된 조건: 실험은 항상 이상적 조건을 가정한다. 진공, 균일한 중력장, 점질량 근사 등. 실제 상황은 훨씬 복잡하다.

수학적 추상화의 함정: m이 상쇄된다는 수학적 결과가 물리적 실재를 완전히 반영하는가? 질량은 단순한 스칼라량이 아니라 원자들의 복잡한 집합체다.

3. 해례이론의 새로운 관점: 원자별 중력과 미세한 차이

원자별 중력 인자의 개념

해례이론은 중력을 원자 수준에서 재해석한다. 각 원자는 고유한 '중력 인자'를 가지며, 이는 원자의 방 구조와 회전 에너지에 의해 결정된다.

물체의 총 중력 효과는 단순히 질량에 비례하는 것이 아니라, 구성 원자들의 중력 인자의 합이다. 이는 미묘하지만 중요한 차이를 만든다:

원자 수가 많은 물체(무거운 물체)는 더 많은 중력 인자를 가진다.

각 원자의 중력 기여는 독립적이며 가산적이다.

전체 중력 효과는 원자 구성과 상태에 따라 달라진다.

질량 상쇄의 불완전성

뉴턴의 방정식에서 m이 상쇄되는 것은 수학적으로는 맞지만, 물리적으로는 근사일 수 있다. 해례이론은 다음과 같이 제안한다.

$$a = g \times (1 + \varepsilon)$$

여기서 ε는 원자 구성과 상태에 따른 미세한 보정 계수다. 이 값은 매우 작아서($10^{-15} \sim 10^{-18}$ 수준) 현재의 대부분 실험으로는 감지하기 어렵다.

이 보정 계수는 다음 요인들에 의존한다.

원자 종류: 수소, 탄소, 철 등 원자마다 다른 방 구조

원자 수: 같은 질량이라도 원자 수에 따른 차이

온도: 원자의 진동 상태가 회전 에너지에 미치는 영향

내부 구조: 분자 결합, 결정 구조 등의 영향

온도 효과: 숨겨진 변수

해례이론의 가장 흥미로운 예측 중 하나는 온도가 중력에 미세한 영향을 미친다는 것이다.

높은 온도 → 원자의 진동 증가 → 방 구조의 회전 에너지 증가 → 전자 생성률 증가 → 더 강한 공간 수렴(중력)

이를 식으로 표현하면,

$$E\_회전 \propto T$$
$$N_e \propto E\_회전$$
$$g\_효과 \propto N_e$$

따라서 뜨거운 물체가 차가운 물체보다 미세하게 빨리 떨어질 것이다. 이는 기존 물리학에서는 전혀 고려하지 않는 효과다.

4. 정밀 측정의 새로운 지평

차세대 낙하 실험 설계

해례이론의 예측을 검증하기 위한 새로운 실험 설계:
실험 장치:
동일한 재질과 질량의 두 구체 준비
하나는 극저온(액체 헬륨, −269°C)으로 유지

다른 하나는 고온(수백도)으로 유지

초고진공 챔버에서 동시 낙하

레이저 간섭계로 위치를 실시간 추적

예상 결과: 고온 구체가 $10^{-15} \sim 10^{-18}$ 수준으로 더 빨리 떨어질 것

기술적 도전:

온도 유지와 측정의 정밀성

열팽창 효과의 보정

대류와 복사열의 차단

진동과 전자기 간섭의 최소화

원자 구성별 차이 실험

같은 질량이지만 다른 원자 구성을 가진 물체들의 낙하 비교:

비교 대상들:

수소 화합물 vs 중수소 화합물

가벼운 원소(리튬) vs 무거운 원소(납)

금속 vs 비금속

결정질 vs 비정질

예상 차이: 원자당 방 구조의 크기와 회전 에너지 차이에 따른 미세한 낙하 속도 변화

우주 실험의 가능성

국제우주정거장이나 달 기지는 이상적인 실험 환경을 제공한다.

장점들:

미세중력으로 장시간 낙하 관찰 가능

대기 영향 완전 배제

지구 자기장 영향 최소화

지구 자전 효과 제거

특히 달에서의 실험은 중력이 약해서 같은 높이에서도 더 긴 낙하 시간을 제공하므로, 미세한 차이가 더 크게 누적될 수 있다.

5. 측정과 실재 사이의 간극

"동시성"의 재정의

우리가 '동시'라고 측정하는 것이 정말 동시인가? 이는 근본적인 인식론적 질문이다.

모든 측정에는 한계가 있다.

시간 해상도: 가장 정밀한 시계도 유한한 정밀도를 가진다.

공간 해상도: 위치 측정의 불확정성

관측자 효과: 측정 행위가 결과에 미치는 영향

해례이론은 이 간극에 주목한다. 우리의 이론이 측정 가능한 것만을 다룬다면, 측정 불가능한 실재는 어떻게 되는가?

근사의 한계와 정밀성의 추구

물리학은 근사의 학문이다. 점질량, 이상기체, 완전탄성충돌, 마찰 없는 표면 등. 그러나 근사가 쌓이면 때로는 본질을 놓칠 수 있다.

갈릴레오의 근사: "모든 물체는 동시에 떨어진다"

뉴턴의 근사: "중력은 질량에만 의존한다"

아인슈타인의 근사: "등가원리는 정확하다"

해례이론은 이러한 근사들을 부정하는 것이 아니라, 그 한계를 인정하고 더 정밀한 이해를 추구한다. 원자 하나하나의 기여를 고려함으로써, 근사를 넘어선 정확한 이해에 다가서려 한다.

복잡성과 단순성의 균형

자연은 우리의 단순한 수식보다 훨씬 복잡하다. 해례이론은 이 복잡성을 회피하지 않고 정면으로 마주한다.

인정해야 할 복잡성들:

원자별 중력 기여의 차이

온도와 상태에 따른 변화

양자 효과의 거시적 누적

환경 요인들의 미세한 영향

그러나 이 복잡성은 혼란이 아니라 더 깊은 이해로 이어진다. 마치 갈릴레오가 아리스토텔레스의 단순한 답을 거부하고 실험으로 복잡한 진실을 찾아냈듯이.

6. 실험적 검증과 미래 전망

현재 기술의 한계와 가능성

현대 기술은 해례이론의 예측을 검증할 수 있는 수준에 근접하고 있다.
양자 센서 기술:
원자 간섭계: 10^{-18} 수준의 위치 측정
광학 공진기: 10^{-21} 수준의 길이 변화 감지
원자 시계: 10^{-19} 수준의 시간 측정
중력파 검출기의 응용: LIGO와 같은 극도로 정밀한 간섭계 기술을
낙하 실험에 적용하면, 해례이론이 예측하는 미세한 차이를 감지할
수 있을 것이다.

빅데이터 접근법

수많은 낙하 실험 데이터를 모아 통계적으로 분석하는 방법.
데이터 수집:
다양한 재질의 물체들
여러 온도 조건들
다른 환경 설정들
반복 실험을 통한 통계 확보
패턴 분석:
온도와 낙하 속도의 상관관계

원자 구성과 낙하 속도의 관계

환경 조건에 따른 변화

머신러닝과 AI를 활용하면 인간이 놓치는 미세한 패턴을 발견할 수 있을 것이다.

기술적 혁신의 필요성

해례이론의 검증을 위해서는 새로운 기술 개발이 필요하다:

초정밀 온도 제어: 10^{-6}도 수준의 온도 안정성 진동 차단: $10^{-15}g$ 수준의 가속도 노이즈 제거

전자기 차폐: 모든 외부 전자기장의 완전한 차단 양자 검출: 단일 원자 수준의 변화 감지

7. 패러다임의 연속성과 혁신

과학 발전의 자연스러운 과정

과학혁명은 기존 이론을 완전히 부정하는 것이 아니다. 뉴턴 역학은 여전히 일상적 스케일에서 유용하듯이, 등가원리도 그 영역에서는 유효하다.

해례이론은 등가원리를 부정하는 것이 아니라, 더 깊은 수준에서 재해석한다. 이는 과학 발전의 자연스러운 과정이다.

갈릴레오: 관찰과 실험의 중요성 발견

뉴턴: 수학적 법칙의 정립

아인슈타인: 기하학적 해석의 도입

해례이론: 원자적 메커니즘의 규명

교육과 인식의 변화

과학 교육도 진화해야 한다. 단순한 공식 암기가 아니라, 자연의 복잡성과 우리 이해의 한계를 인정하는 교육이 필요하다.

기존 교육: "모든 물체는 동시에 떨어진다"

새로운 교육: "모든 물체는 우리가 측정할 수 있는 정밀도 내에서 거의 동시에 떨어진다"

이러한 미묘한 표현의 차이가 과학적 사고의 정확성을 크게 높일 수 있다.

철학적 성찰

측정과 실재, 근사와 정확성, 단순성과 복잡성. 해례이론이 제기하는 이러한 문제들은 단순한 물리학 문제를 넘어선다.

과학의 본질에 대한 질문들:

과학은 실재를 기술하는가, 아니면 단지 예측 도구인가?

측정할 수 없는 것도 실재하는가?

완벽한 정확성은 원리적으로 가능한가?

갈릴레오가 시작한 실험과학의 정신은 이러한 질문들을 계속 던지고 답을 찾아가는 과정 자체에 있다.

끝없는 정밀성을 향하여

갈릴레오가 피사의 사탑에 올랐을 때, 그는 단순히 아리스토텔레스를 반박하려 한 것이 아니었다. 그는 자연을 직접 관찰하고 질문하는 새로운 방법을 제시했다.

400년이 지난 지금, 해례이론은 같은 정신으로 갈릴레오의 실험을 다시 본다. 당연하게 여겨진 것에 의문을 제기하고, 더 깊은 진실을 추구한다.

두 물체가 정말로 정확히 동시에 떨어지는가? 이 질문은 단순해 보이지만, 그 답은 우주의 근본 구조에 대한 우리의 이해와 연결되어 있다.

해례이론이 제시하는 원자별 중력, 온도 효과, 측정의 한계 등은 아직 검증되지 않은 가설이다. 그러나 과학은 이러한 대담한 가설에서 발전한다. 미래의 실험이 해례이론을 확증하든 반박하든, 중요한 것은 끊임없는 질문과 탐구다.

현대의 정밀한 측정 기술은 갈릴레오가 꿈꿀 수도 없었던 수준에 도달했다. 10^{-18}미터의 변위, 10^{-19}초의 시간 간격, 이런 극한의 정밀도로 자연을 들여다볼 수 있게 되었다. 이제 우리는 갈릴레오의 실험을 그가 상상할 수 없었던 정밀도로 재현할 수 있다.

혹시 그 정밀한 실험에서 우리는 두 물체 사이의 미세한 차이를 발견하게 될까? 그 차이가 해례이론이 예측하는 온도 효과일까, 원자 구성의 차이일까, 아니면 전혀 다른 새로운 물리학일까?

자연은 우리가 생각하는 것보다 훨씬 정교하고 신비롭다. 두 물체의 낙하라는 가장 단순한 현상조차도, 들여다볼수록 더 많은 비밀을 드러낸다. 그것이 과학의 아름다움이고, 인류가 계속 탐구해야 할 이유다.

갈릴레오가 시작한 여정은 아직 끝나지 않았다. 오히려 이제 진정한 정밀성의 시대가 시작되었다. 우리는 그의 어깨 위에 서서, 그보다 훨씬 더 먼 곳을 볼 수 있게 되었다. 그리고 그 먼 곳에서 우리를 기다리고 있는 것은, 더욱 놀라운 발견들일 것이다.

16장. 양-밀스 이론의 질량 간극이란

1. 현대 물리학의 난제

양-밀스(Yang-Mills) 이론은 현대 입자물리학의 근간을 이루는 수학적 체계로, 자연의 기본 상호작용을 게이지 대칭성의 원리로 설명한다. 이 이론은 1954년 첸닝 양(Chen-Ning Yang)과 로버트 밀스(Robert Mills)가 전자기력을 설명하는 U(1) 게이지 이론을 일반화하여, 더 복잡한 대칭성 구조인 SU(N)으로 확장한 것이다. 오늘날 표준모형의 세 가지 기본 상호작용(전자기력, 약력, 강력)은 모두 양-밀스 이론의 수학적 체계를 통해 기술된다.

그러나 이 수학적으로 아름다운 이론은 물리학자들을 난처하게 만드는 심각한 문제를 내포하고 있다. 양-밀스 이론은 본질적으로 질량이 없는 게이지 보손만을 예측하지만, 현실에서 관측되는 W와 Z 보손은 분명히 질량을 가지고 있다. 이 모순은 입자물리학의 표준모형이 완성되기까지 수십 년간 물리학자들을 괴롭혔다.

이 난제를 해결하기 위해 제안된 것이 힉스 메커니즘이다. 1964년 피터 힉스와 여러 물리학자들이 독립적으로 제안한 이 메커니즘은 자발적 대칭성 깨짐을 통해 게이지 보손이 질량을 획득하는 방법을 수학적으로 설명했다. 2012년 CERN의 대형 강입자 충돌기에서 힉스 보손이 발견됨으로써, 힉스 메커니즘은 실험적 지지를 얻었고 표준모형의 핵심적 부분으로 자리잡았다.

그러나 수학적 성공에도 불구하고, 힉스 메커니즘은 질량의 물리적 기원에 대한 근본적 의문에 완전히 답하지 못한다. 이 이론은 '어떻게' 입자가 질량을 가지게 되는지를 수학적으로 기술하지만, '왜' 그러한 메커니즘이 존재하는지, 그 물리적 실체는 무엇인지에 대한 설명은 제공하지 않는다.

이러한 이유로 "양-밀스 질량 간극(Mass Gap)" 문제는 클레이 수학 연구소가 2000년에 발표한 7대 밀레니엄 문제 중 하나로 선정되었으며, 백만 달러의 상금이 걸려 있다. 이 문제는 다음과 같이 정의된다.

"4차원 양-밀스 이론이 양의 질량 간극을 가지는지를 수학적으로 증명하라."

여기서 '질량 간극'이란 이론에서 허용되는 가장 낮은 에너지 상태와 기저 상태(진공) 사이에 불연속적인 간격이 존재함을 의미한다. 이 간극이 존재한다는 것은 이론에서 예측하는 모든 입자가 0이 아닌 최소한의 질량을 가진다는 뜻이다. 이는 단순히 수학적 호기심의 대상이 아니라, 물리적 실재의 근본 구조와 관련된 심오한 문제이다.

이 장에서는 양-밀스 이론과 질량 간극 문제를 해례이론의 관점에서 재해석한다. 해례이론은 질량을 공간 수렴 현상으로 보는 새로운 시각을 제시함으로써, 이 오랜 난제에 대한 직관적이고 물리적인 해석을 제공한다.

2. 양-밀스 이론과 게이지 대칭성

양-밀스 이론을 이해하기 위해서는 먼저 게이지 대칭성(gauge symmetry)의 개념을 파악해야 한다. 게이지 대칭성이란 물리 법칙이 특정한 변환하에서 불변함을 의미한다. 전자기학에서는 전자기 포텐셜에 상수를 더하는 변환(U(1) 변환)에도 물리 법칙이 변하지 않는다. 양-밀스 이론은 이를 비가환 군(non-abelian group), 특히 SU(N) 군으로 확장한다.

이 수학적 추상화의 핵심은 '국소 대칭성(local symmetry)'이다. 국소 대칭성이란 변환이 공간의 각 지점마다 독립적으로 이루어질 수 있음을 의미한다. 이러한 국소 대칭성을 유지하기 위해서는 새로운 장(게이지 장)이 필요하며, 이 게이지 장이 바로 자연의 기본 상호작용을 매개하는 보손에 해당한다.

양-밀스 이론의 특별한 점은 게이지 장 자체가 게이지 변환에 의해 변환된다는 것이다. 이는 장이 자기 자신과 상호작용할 수 있음을 의미하며, 이것이 바로 '비가환성(non-abelian property)'이다. U(1) 대칭성에 기반한 양자전자역학(QED)에서는 광자가 다른 광자와 직접 상호작용하지 않지만, SU(2)나 SU(3)에 기반한 약력이나 강력의 경우 게이지 보손들이 서로 상호작용한다.

이러한 비가환성은 양-밀스 이론의 풍부한 물리적 내용을 만들어내지만, 동시에 이론의 양자화를 극도로 복잡하게 만든다. 특히 문제가 되는 것은 비가환 양-밀스 이론에서 게이지 보손이 질량을 가질 수 없다는 점이다. 그 이유는 질량항이 게이지 대칭성을 깨뜨리기 때문이다.

이는 심각한 물리적 모순을 야기한다. 약력을 매개하는 W와 Z 보손은 실험적으로 상당한 질량(각각 약 80 GeV/c²와 91 GeV/c²)을 가지는 것으로 측정되었기 때문이다. 이 모순을 해결하기 위해 도입된 것이 힉스 메커니즘이다.

3. 힉스 메커니즘과 그 한계

힉스 메커니즘은 '자발적 대칭성 깨짐(spontaneous symmetry breaking)'이라는 개념에 기반한다. 간단히 말해, 시스템의 기저 상태(진공)는 원래 이론이 가진 대칭성을 더 이상 유지하지 않는다는 것이다. 이를 통해 게이지 대칭성을 깨뜨리지 않으면서도 게이지 보손에 질량을 부여할 수 있다.

이 메커니즘의 핵심은 힉스 장이라 불리는 스칼라 장을 도입하는 것이다. 이 장은 진공 상태에서도 0이 아닌 기대값을 가지며, 이것이 대칭성을 자발적으로 깨뜨린다. 게이지 보손은 이 힉스 장과 상호작용함으로써 질량을 얻게 된다.

수학적으로 이 과정은 다음과 같이 설명된다. 원래 질량이 없는 게이지 보손과 힉스 장의 여기(excitation)가 혼합되어, 결과적으로 질량을 가진 물리적 입자가 된다. 이는 마치 두 개의 결합된 진자가 서로 에너지를 주고받으며 새로운 진동 모드를 형성하는 것과 유사하다.

힉스 메커니즘은 표준모형의 완성에 결정적인 역할을 했으며, 2012년 힉스 보손의 발견으로 그 타당성이 실험적으로 확인되었다.

그러나 이 메커니즘은 여전히 몇 가지 중요한 한계를 가지고 있다:

첫째, 힉스 메커니즘은 질량의 존재를 설명하지만, 왜 특정 입자가 특정한 질량값을 가지는지는 설명하지 못한다. 힉스 장과 각 입자 사이의 결합 상수(Yukawa coupling)는 이론에서 자연스럽게 도출되지 않고, 실험적으로 결정된 값을 '손으로 집어넣어야' 한다.

둘째, 힉스 메커니즘은 수학적 형식주의로, 질량이 발생하는 물리적 메커니즘에 대한 직관적 이해를 제공하지 않는다. 입자가 힉스 장과 '상호작용'한다고 말하지만, 이 상호작용의 물리적 본질이 무엇인지는 설명하지 않는다.

셋째, 왜 힉스 장이 존재하는지, 그리고 왜 그것이 0이 아닌 진공 기대값을 가지는지에 대한 근본적 설명이 없다. 이는 단순히 현상을 수학적으로 기술하는 방법일 뿐, 그 물리적 원인을 설명하지는 않는다.

결국, 힉스 메커니즘은 "질량이 있는 형태로 이론을 기술하는 방법"은 제공하지만, "질량이 왜 그리고 어떻게 발생하는가"라는 더 근본적인 질문에는 답하지 못한다.

4. 질량 간극 문제의 본질

양-밀스 이론과 관련된 밀레니엄 문제인 "질량 간극 문제"는 앞서 논의한 한계와 깊은 관련이 있다. 이 문제는 수학적으로는 4차원 양-밀스 이론이 양의 질량 간극을 가지는지를 증명하라는 것이지만, 물리적으로는 더 깊은 의미를 갖는다.

질량 간극이란 이론에서 허용되는 가장 낮은 에너지 상태(기저 상태

또는 진공)와 그 다음 가능한 에너지 상태 사이에 불연속적인 간격이 존재함을 의미한다. 이 간극이 양수라는 것은 이론에서 예측하는 모든 입자가 0이 아닌 최소한의 질량을 가진다는 의미다.

컴퓨터 시뮬레이션과 수치 계산은 이 질량 간극이 존재함을 강력히 시사하지만, 수학적으로 엄밀한 증명은 아직 이루어지지 않았다. 이것이 중요한 이유는 다음과 같다:

첫째, 질량 간극의 존재는 양-밀스 이론이 실제 물리 세계를 기술하는 데 적합한지를 판단하는 중요한 기준이다. 현실 세계의 입자들은 분명히 질량을 가지므로, 이론도 이를 자연스럽게 설명할 수 있어야 한다.

둘째, 질량 간극 문제는 양자장론의 수학적 일관성과 관련된 깊은 문제이다. 양-밀스 이론의 양자화 과정에서 발생하는 여러 난제들이 수학적으로 잘 정의된 방식으로 해결될 수 있는지에 대한 질문이다.

셋째, 이 문제는 자연의 기본 상호작용이 어떻게 작동하는지에 대한 본질적 이해와 연결된다. 특히, 왜 약력을 매개하는 입자들은 질량을 가지지만, 전자기력을 매개하는 광자는 질량이 없는지에 대한 물리적 설명이 필요하다.

현대 물리학에서 힉스 메커니즘은 이 질문에 대한 표준적인 답변을 제공하지만, 앞서 논의했듯이 이는 현상을 수학적으로 기술할 뿐, 질량의 물리적 기원에 대한 깊은 이해를 제공하지는 않는다. 질량 간극 문제의 완전한 해결은 단순한 수학적 증명을 넘어, 질량의 본질에 대한 더 깊은 물리적 통찰을 요구한다.

5. 해례이론: 질량과 공간 수렴의 물리학

해례이론은 질량의 본질에 대한 새로운 관점을 제시함으로써, 양-밀스 이론과 질량 간극 문제에 대한 독창적 해석을 제공한다. 이 이론에서 질량은 더 이상 입자의 고유한 속성이나 외부 장과의 상호작용 결과가 아니라, 방 구조의 회전과 전자 생성으로 인한 '공간 수렴' 현상의 표현이다.

공간 수렴으로서의 질량

앞 장들에서 논의했듯이, 해례이론에서 방 구조(중심의 에너지 응집체인 양성자와 중성자로 구성된)의 회전은 그 경계에서 전자 생성을 유발한다. 전자가 생성될 때, 그 지점의 공간 에너지는 소모되어 주변보다 에너지 밀도가 낮아진다. 이 에너지 밀도 감소는 주변 공간이 해당 지점으로 수렴하게 만든다. 이 공간 수렴 현상이 바로 중력이자 질량의 본질이다.

이 관점에서 질량은 물체가 전자를 생성하면서 주변 공간을 수렴시키는 정도를 나타내는 물리량이다. 더 많은 전자를 더 빠른 속도로 생성하는 물체일수록 더 강한 공간 수렴을 유발하므로 더 큰 질량을 가진다.

$$m \propto dp\_maru/dt$$

이러한 해석은 질량을 정적인 '속성'이 아닌 동적인 '과정'으로 이해한다. 질량은 끊임없이 진행되는 공간과 방 구조 사이의 상호작용의 결과이다. 이는 마치 물체가 물 속에서 만드는 와류와 같다. 와류의 강도는 물체의 회전 속도와 구조에 따라 달라지며, 이것이 물체의 '효과적 질량'에 상응한다.

대칭성 깨짐의 물리적 해석

힉스 메커니즘에서 자발적 대칭성 깨짐은 수학적 형식주의로 설명되지만, 해례이론은 이에 물리적 해석을 제공한다. 해례이론에서 대칭성 깨짐은 방 구조의 회전이 특정 방향과 패턴으로 안정화되는 과정이다.

초기 우주에서 에너지 응집체가 형성될 때, 모든 가능한 회전 방향과 패턴이 동등했다. 그러나 시간이 지남에 따라 특정 회전 패턴이 더 안정적이게 되면서, 원래의 완전한 대칭성이 깨졌다. 이 과정은 물리적 실체(방 구조의 회전)에 기반한 것으로, 추상적인 수학적 변환에 그치지 않는다.

방 구조가 특정 회전 패턴으로 안정화되면, 그것은 일정한 비율로 전자를 생성하고, 이는 일정한 공간 수렴(질량)으로 표현된다. 이러한 물리적 해석은 왜 대칭성 깨짐이 발생하는지, 그리고 그것이 어떻게 질량 발생으로 이어지는지에 대한 직관적 이해를 제공한다.

힉스 장의 물리적 실체

해례이론에서 힉스 장은 추상적인 수학적 구성물이 아니라, 공간 자체의 에너지 구조이다. 공간은 단순한 '빈 공간'이 아니라, 에너지 밀도를 가진 구조적 실체이다. 방 구조의 회전은 이 공간 에너지 구조와 상호작용하며, 이 상호작용의 정도가 입자의 질량을 결정한다.

이 관점에서 힉스 장의 '0이 아닌 진공 기대값'은 공간의 기본 에너지 상태를 나타낸다. 이는 공간이 완전히 비어 있는 것이 아니라, 기본적인 에너지 구조를 가지고 있음을 의미한다. 입자들이 이 구조와 상호작용하는 방식이 표준모형에서 말하는 '힉스 메커니즘'의 실제 물리적 의미이다.

6. 질량 간극의 해례이론적 해석

해례이론은 양-밀스 이론의 질량 간극 문제에 대한 새로운 물리적 해석을 제공한다. 이 해석에 따르면, 질량 간극은 방 구조의 회전이 가질 수 있는 최소 에너지 상태와 연관된다.

질량 간극의 물리적 기원

해례이론에서 질량 간극은 물리적 실체를 가진다. 방 구조가 형성되기 위해서는 최소한의 회전 에너지가 필요하며, 이 최소 에너지 이하에서는 안정적인 방 구조가 존재할 수 없다. 이 최소 에너지 요구사

항이 바로 질량 간극의 물리적 기원이다.

더 직관적으로 설명하자면, 방 구조의 회전이 특정 임계값 이하로 떨어지면, 그것은 더 이상 전자를 생성할 수 없게 되고, 따라서 공간 수렴(질량)을 유발하지 못한다. 이는 마치 회전하는 물체가 특정 속도 이하로 떨어지면 더 이상 원심력을 발생시키지 못하는 것과 유사하다.

이러한 해석은 질량 간극이 단순한 수학적 구성물이 아니라, 방 구조의 물리적 특성에서 비롯된 실재적 현상임을 보여 준다. 이는 양-밀스 이론의 질량 간극 문제에 대한 물리적 답변을 제시한다.

게이지 보손의 질량 차이 설명

해례이론은 왜 일부 게이지 보손(W, Z)은 질량을 가지지만, 다른 게이지 보손(광자, 글루온)은 질량이 없는지에 대한 자연스러운 설명을 제공한다.

이 이론에 따르면, 게이지 보손의 질량은 그것이 공간 수렴을 유발하는 능력에 달려 있다. 광자는 전자기 상호작용을 매개하는 파동으로, 그 자체로는 공간 수렴을 유발하지 않는다. 이는 광자가 독립적인 방 구조가 아니라, 전자 생성-소멸 과정에서 발생하는 에너지 파동이기 때문이다.

반면, W와 Z 보손은 더 복잡한 방 구조와 연관되어 있으며, 그들 자체가 공간 수렴을 유발할 수 있다. 이들은 약력을 매개하는 과정에서 특정한 공간 수렴 패턴을 형성하고, 이것이 그들의 질량으로 표현된다.

이러한 관점은 게이지 보손들의 질량 차이가 그들의 구조적 특성과 공간과의 상호작용 방식의 차이에서 비롯된다는 것을 보여 준다. 이는 표준모형에서 단순히 '힉스 장과의 결합 강도 차이'로 설명하는 것보다 더 근본적인 물리적 해석을 제공한다.

7. 질량은 존재가 공간에 남긴 흔적이다

양–밀스 이론은 현대 입자물리학의 수학적 기반을 제공하는 아름답고 강력한 이론이다. 그러나 이 이론과 관련된 질량 간극 문제는 단순한 수학적 호기심의 대상이 아니라, 질량의 본질과 물질 세계의 근본 구조에 관한 심오한 물리적 의문이다.

해례이론은 이 난제를 공간 구조와 실체 간의 상호작용으로 재정의한다. 이 관점에서 질량은 방 구조의 회전이 전자 생성을 통해 공간에 남긴 수렴의 흔적이다. 이는 질량을 단순히 '입자가 가진 것'으로 보는 전통적 관점을 넘어, '공간이 물질에 행하는 것'으로 재해석한다.

양–밀스 이론의 수학적 구조, 특히 게이지 대칭성과 비가환성은 방 구조의 회전과 그 공간적 효과의 수학적 표현으로 이해될 수 있다. 질량 간극은 방 구조가 안정적으로 존재하기 위한 최소 회전 에너지 요구사항과 관련된다.

이러한 접근법은 백만 달러가 걸린 양–밀스 질량 간극 문제에 대한 새로운 시각을 제공한다. 물론, 이 문제의 완전한 해결은 엄밀한 수학적 증명을 요구하지만, 해례이론은 그 증명이 기반해야 할 물리적 직관을 제시한다.

궁극적으로, 질량에 대한 해례이론적 이해는 물리학에서 수학적 형식주의와 물리적 실재 사이의 간극을 메우려는 시도이다. 이는 질량을 더 이상 추상적인 수식 속에서가 아니라, 우리가 살아가는 공간의 구조 그 자체로부터 이해할 수 있게 해 준다.

질량이 존재가 공간에 남긴 흔적이라는 통찰은 물리학적 이해를 넘어, 우리의 존재와 우주와의 관계에 대한 더 깊은 성찰로 이어질 수 있다. 우리의 물질적 존재조차 주변 공간과의 끊임없는 상호작용의 결과라면, 우리는 우주와 분리된 독립적 존재가 아니라 우주 구조의 일부로서 존재하는 것이다.

이것이 해례이론이 양-밀스 이론과 질량의 문제에 제공하는 새로운 관점이며, 물리학이 단순한 현상 기술을 넘어 자연의 근본 구조에 대한 깊은 이해로 나아갈 수 있는 가능성을 열어 준다.

17장. 네 가지 힘, 하나의 원리: 방 구조가 만드는 통합

1. 서론: 단일 원리로서의 힘

물리학은 자연을 이해하기 위해 끊임없이 더 근본적인 원리를 찾아왔다. 현대 물리학은 우주의 모든 상호작용을 네 가지 기본 힘—중력, 전자기력, 강력, 약력—으로 분류하며, 이들을 서로 다른 메커니즘으로 설명한다. 그러나 이러한 분류는 자연의 본질적 구조를 반영하는 것일까, 아니면 우리의 제한된 이해를 반영하는 것일까?

해례이론은 이 네 가지 힘이 실제로는 동일한 단일 메커니즘의 서로 다른 측면임을 제시한다. 이 통합적 관점은 복잡한 수학적 형식주의나 추가적인 입자, 차원에 의존하지 않는다. 대신, 원자 생성의 기본 과정과 방 구조의 상호작용이라는 직관적으로 이해 가능한 물리적 메커니즘을 통해 모든 힘을 설명한다.

이 접근법은 마치 훈민정음이 5자음과 3모음이라는 기본 요소만으로 세상의 모든 소리를 표현할 수 있게 한 것과 유사하다. 훈민정음 해례본이 한글의 창제 원리를 명쾌하게 설명했듯이, Hele Theory 는 자연의 근본 원리를 단순하면서도 통합적인 관점에서 설명하고자한다. 여기서 '방 구조'란 원자핵을 중심으로 한 3차원적 에너지 구조체를 의미하며, 이 구조의 회전과 상호작용이 모든 물리 현상의 기초

가 된다는 것이 해례이론의 핵심 가정이다

2. 원자 하나에 담긴 네 가지 힘

방 구조의 형성

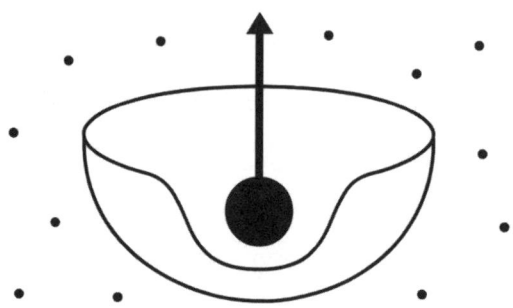

해례이론의 관점에서, 우주에 존재하는 모든 것은 원자의 형성과 상호작용에서 시작된다. 앞장에서 살펴본 바와 같이, 원자는 멕시코 모자 형태의 3차원 에너지 구조로 시작한다. 이 구조는 중앙에 고속 으로 회전하는 양성자와 그 주변을 둘러싼 구형 경계(중성자)로 이루 어진 '방(room) 구조'를 형성한다.

중요한 점은, 각각의 원자가 독립적으로 형성되며, 처음부터 네 가 지 힘의 특성을 모두 갖추고 있다는 것이다.

초기 우주에서 힘들이 통합되어 있다가 분리되었다는 기존 물리학 의 관점과 달리, 해례이론에서는 힘들이 처음부터 원자 구조에 내재되어 있다.

무수히 많은 멕시코모자 구조들이 각각 수소 원자가 되고, 이들이 모여 중심부 압력이 높아지면 핵융합이 일어난다. 이 과정에서 헬륨과 같은 더 무거운 원소들이 형성되고, 더 큰 핵융합과 폭발을 거쳐 주기율표의 다양한 원소들이 생성된다. 이렇게 만들어진 원소들은 다시 뭉쳐 행성, 별, 은하와 같은 천체를 형성한다.

이 모든 과정에서 중요한 것은 네 가지 힘이 처음부터 각각의 원자 구조에 내재되어 있으며, 우주의 진화 과정에서 이 힘들이 다양한 규모에서 서로 다른 방식으로 표현된다는 점이다.

하나의 원자가 형성될 때, 네 가지 힘은 모두 동시에 그 구조에 내재되어 있다. 이는 별도의 입자나 장, 메커니즘을 추가할 필요 없이, 방 구조 자체의 특성에서 비롯된다.

강력: 방 구조들의 껍질(중성자 부분)이 비누방울처럼 서로 접촉하고 융합될 때 발생하는 현상이다. 이 융합은 매우 짧은 거리에서만 일어나기 때문에, 강력의 작용 범위가 극도로 제한적이다. 구체적으로, 방 구조의 크기가 약 10^{-15} 미터 정도이므로, 강력의 작용 범위도 이와 유사한 규모로 제한된다.

약력: 방 구조의 회전 패턴이 자력적으로 결속되어 있는 상태이며, 특정 조건에서 이 회전 모드가 변할 때 발생하는 현상이다. 이 변화의 영향이 주로 인접한 방 구조에만 전달되므로, 약력도 강력과 마찬가지로 작용 범위가 매우 제한적이다.

전자기력: 양성자의 고속 회전으로 인해 방 구조 경계에서 전자가 생성되는 메커니즘이다.

$$E = \tfrac{1}{2} \times m \times r^2 \times \omega^2$$

E: 회전 에너지

m: 전자의 질량

r: 회전 반지름

ω: 각속도

전자의 생성과 소멸 과정에서 발생하는 파동이 다른 방 구조와 상호 작용하며, 이 파동은 무한한 거리까지 전파될 수 있어 전자기력의 작용 범위가 무한하다.

$$\nabla \cdot E_{space} = -\Delta\rho\_E / \varepsilon_0$$

중력: 전자가 생성될 때 소모되는 에너지로 인해 발생하는 공간 수렴 현상이다.

ΔE_"전자 생성" $\Rightarrow \nabla \cdot S^{-} \langle 0 \Rightarrow$ "공간 수렴"

주변보다 에너지 밀도가 낮아진 지점으로 공간이 자연스럽게 수렴하며, 이 수렴 효과는 전자기파와 마찬가지로 무한한 거리까지 전파될 수 있다.

이렇게 네 가지 힘은 별개의 현상이 아니라, 방 구조의 서로 다른 측면이자 동일한 구조적 특성의 다양한 표현이다. 글루온, 쿼크, 힉스 보손과 같은 추가 입자를 가정할 필요 없이, 원자 하나의 구조만으로 모든 힘을 설명할 수 있다.

3. 방 구조 간의 에너지 순환

회전 에너지의 지속과 순환

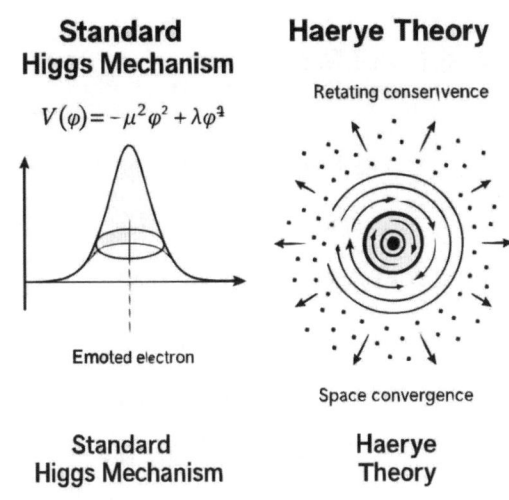

Standard Higgs Mechanism

$$V(\varphi) = -\mu^2\varphi^2 + \lambda\varphi^3$$

Haerye Theory

Retating conserivence

Emoted electron

Space convergence

Standard Higgs Mechanism

Haerye Theory

　방 구조의 회전은 어떻게 지속될 수 있을까? 방 구조는 자신의 회전 에너지를 무한히 유지할 수 없으며, 주변 환경과의 끊임없는 에너지 교환을 통해 그 회전을 유지한다.

　방 구조는 주변 공간에 존재하는 파동 에너지를 흡수하여 자신의 회전을 유지하며, 동시에 전자 생성과 그에 따른 파동의 형태로 에너지를 발산한다. 이 발산된 에너지는 다시 다른 방 구조들에게 흡수된다. 우주에는 무수히 많은 원자들이 존재하기 때문에, 이들 사이에는 끊임없는 에너지 순환 네트워크가 형성된다.

이 과정은 마치 겨울에 뜨거운 난로가 주변 공기를 데워 기온을 올리는 것과 유사하다. 에너지는 고밀도 영역에서 저밀도 영역으로 자연스럽게 흐르며, 궁극적으로는 열평형 상태를 향해 진행한다. 방 구조들도 이와 마찬가지로 에너지를 주고받으며 평형 상태에 도달하려 한다.

우주적 에너지 순환 네트워크

우주의 모든 원자들은 이러한 에너지 순환 네트워크의 일부이다. 어떤 원자가 발산한 파동 에너지는 다른 원자들에게 흡수되고, 그 원자들은 다시 에너지를 발산한다. 이 과정에서 방 구조들은 서로의 회전 상태, 전자 생성 패턴, 공간 수렴 구조에 영향을 미친다.

이 관점에서 보면, 우주의 모든 물질은 서로 연결된 하나의 거대한 시스템이다. 어느 한 부분의 변화는 전체 네트워크에 영향을 미치며, 이것이 바로 네 가지 기본 힘이 작용하는 물리적 기반이다.

개별 원자 수준에서 볼 때는 에너지 흡수와 발산이 균형을 이루지 않을 수 있지만, 우주 전체로 볼 때는 총 에너지가 보존된다. 이는 방 구조들 사이의 에너지 순환이 열역학 법칙과 일관된다는 것을 보여 준다.

4. 네 가지 힘의 단일 메커니즘

방 구조 상호작용의 다양한 표현

네 가지 힘은 왜 서로 다른 것처럼 보일까? 이는 방 구조들이 서로 상호작용할 때, 그 상대적 위치, 회전 상태, 그리고 주변 조건에 따라 서로 다른 측면이 더 두드러지게 나타나기 때문이다.

두 방 구조가 매우 가까이 있을 때는 껍질 융합(강력)이나 회전 모드 변화(약력)가 주요한 상호작용이 된다. 반면, 방 구조들이 더 멀리 떨어져 있으면 전자 생성-소멸 패턴(전자기력)이나 공간 수렴(중력)이 주된 상호작용 방식이 된다.

그러나 이들은 본질적으로 별개의 힘이 아니다. 모두 방 구조의 회전, 전자 생성, 공간 수렴이라는 동일한 메커니즘의 서로 다른 측면일 뿐이다. 마치 물이 온도와 압력에 따라 고체, 액체, 기체의 다른 상태로 존재하지만 본질은 분자 간 상호작용일 뿐이다.

힘들의 상대적 강도와 특성

네 가지 힘의 상대적 강도 차이도 방 구조의 특성으로 설명할 수 있다. 이들의 상대적 강도는 다음과 같이 나타난다.

$F\_강력 \gg F\_약력 \gg F\_전자기력 \gg F\_중력$

강력은 껍질의 직접적인 융합에서 비롯되므로 가장 강하지만, 그 작용 범위는 방 구조 크기에 제한된다. 약력은 회전 모드의 변화에 관련되며, 강력보다는 약하지만 여전히 근거리에서만 작용한다.

전자기력은 전자 생성-소멸 파동을 통해 전달되므로 강력이나 약력보다 약하지만, 파동이 무한한 거리까지 전파될 수 있어 작용 범위가 넓다. 중력은 공간 수렴 현상으로, 전자 생성으로 인한 에너지 밀도 감소의 2차적 효과이기 때문에 가장 약하지만, 마찬가지로 무한한 작용 범위를 가진다.

이러한 강도와 범위의 차이는 방 구조의 물리적 특성에서 자연스럽게 도출되며, 별도의 가정이나 추가 메커니즘 없이도 설명 가능하다.

5. 해례이론과 훈민정음의 유사성

최소 요소로 최대 표현하기

해례이론의 접근법은 훈민정음의 창제 원리와 놀라운 유사성을 가진다. 훈민정음은 5자음과 3모음이라는 최소한의 기본 요소를 통해 세상의 모든 소리를 표현할 수 있는 체계를 구축했다. 이 단순한 원리를 통해 무한히 복잡한 언어 세계를 표현할 수 있게 된 것이다.

마찬가지로, 해례이론은 '회전과 응집'이라는 기본 원리만으로 우주의 모든 물리 현상을 설명한다. 방 구조의 회전, 전자 생성-소멸, 공간 수렴이라는 세 가지 기본 메커니즘을 통해 네 가지 기본 힘을 포함한 모든 물리 현상을 설명할 수 있다.

이러한 접근법은 과학의 기본 원리인 단순성의 원칙, 즉 '오컴의 면도날'과도 일치한다. 동일한 현상을 설명하는 여러 이론 중에서 가장 단순한 것을 선택해야 한다는 원칙이다.

구조적 원리의 발견

훈민정음은 단순히 문자의 집합이 아니라, 소리를 체계적으로 표현할 수 있는 구조적 원리를 발견했다. 자음은 발음 기관의 모양을 본떠 만들어졌고, 모음은 하늘(·), 땅(_), 사람(ㅣ)을 상징하는 기본 요소의 조합으로 이루어졌다. 이 구조적 원리가 훈민정음의 과학적 우수성을 보장한다.

해례이론도 마찬가지로, 자연 현상을 단순히 기술하는 것을 넘어, 그 근저에 있는 구조적 원리를 발견한다. 방 구조의 회전과 응집, 전자 생성과 공간 수렴이라는 구조적 원리를 통해, 현대 물리학이 복잡한 수학적 형식주의로 기술하고 있는 현상들을 더 직관적이고 통합적으로 이해할 수 있게 한다.

이 구조적 원리는 단순히 추상적인 개념이 아니라, 우리가 살아가는 세계의 물리적 실재를 반영한다. 마치 훈민정음이 실제 발음 기관의 모양과 작동 방식을 반영했듯이, 해례이론도 자연의 실제 작동 방식을 반영한다.

민주적 이해가능성

훈민정음의 또 다른 중요한 특징은 그 민주적 성격이다. 세종대왕은 "사람마다 그 소리를 내고자 하되 그 바른 글자를 알지 못하니, 이런 까닭으로 어리석은 백성들이 말하고자 하는 바가 있어도 마침내 제 뜻을 펼치지 못하는 경우가 많다"고 하며, 누구나 쉽게 배울 수 있는 문자 체계를 만들고자 했다.

마찬가지로, 해례이론은 현대 물리학이 점점 더 추상적이고 이해하기 어려워지는 상황에서, 누구나 직관적으로 이해할 수 있는 물리 이론을 제시한다. 복잡한 수학적 형식주의나 추상적 개념에 의존하지 않고, 우리의 일상 경험과 연결된 직관적 원리를 통해 우주의 작동 방식을 설명한다.

이러한 접근법은 물리학을 소수의 전문가들만의 영역이 아닌, 누구나 참여하고 이해할 수 있는 학문으로 만든다. 마치 훈민정음이 문자 문화를 민주화했듯이, 해례이론은 물리학적 이해의 민주화를 추구한다.

6. 원자들의 집합체와 복잡한 구조

핵융합과 원소의 형성

원자가 형성된 후, 어떻게 더 복잡한 구조가 만들어질까? 해례이론에 따르면, 수소 원자들이 모여 밀도가 높아지면 중심부 압력이 증가하고, 이로 인해 방 구조들이 더 강하게 상호작용하게 된다.

해례이론에서 수소는 엄밀한 의미에서 완전한 원자가 아니다. 수소는 원자를 구성하는 기본 재료에 해당한다. 수소는 중심의 회전 응집체(양성자)와 그 경계에서 방출되는 전자만을 가지고 있을 뿐, 아직 명확한 방 구조를 형성하지 못한 상태이다. 이 경계는 단순한 에너지 밀도의 변곡점일 뿐이며, 안정된 구조적 껍질로서의 중성자 방은 아직 형성되지 않았다.

수소의 이러한 불완전성은 우주 초기 조건에서 비롯된다. 최초의 대칭 붕괴와 회전 응집체 형성 과정에서, 개별 회전 중심들은 충분한 압력이나 상호작용 없이는 완전한 방 구조를 형성할 수 없었다. 따라서 수소는 원자의 씨앗이자 재료로서 존재하며, 보다 복잡한 원자 구조로 발전하기 위한 기초 단위로 기능한다.

압력과 결합: 방 구조의 완성

하나의 수소가 충분한 압력을 받게 되면, 마치 바람이 덜 들어간 풍선 두 개가 입구를 맞대고 한쪽 바람이 다른쪽으로 이동하는 것과 같은 현상이 일어난다. 수소의 회전 중심 주변에 있던 에너지가 재배치되면서, 중심부는 더욱 압축되고 그 주변에는 명확한 방 구조가 형성된다.

이 과정에서 회전 중심은 여전히 고속 회전을 유지하며 양성자가 되고, 새롭게 형성된 에너지 껍질이 중성자 방이 된다. 중성자는 별개의 독립된 입자가 아니라, 압력에 의해 완성된 방 구조 자체이다. 이렇게 하나의 수소로부터 형성된 구조가 중수소이며, 이때 비로소 진정한 의미의 원자가 탄생한다.

중수소는 대략 2질량을 갖는다. 이는 원래 수소 하나의 질량이 양성자와 중성자 방으로 구조적 재배열된 결과이다. 전체 질량은 대체로 보존되지만, 그 분포와 구조는 완전히 달라진다.

핵융합과 헬륨의 생성

헬륨은 주로 수소 네 개가 핵융합을 통해 형성된다. 이는 태양과 같은 항성에서 일어나는 주요 핵융합 과정이다. 이때 네 개의 수소가 단계적으로 결합하면서 최종적으로 헬륨 구조를 만들어 낸다.

또 다른 경로로는 두 개의 중수소가 융합하여 헬륨이 되는 과정이 있다. 이 경우 두 개의 방 구조가 마치 비누방울 두 개가 붙는 것처럼 결합한다. 완전히 하나로 융합되는 것이 아니라, 각각의 방 구조를 유지하면서 서로 붙어 있는 형태가 된다. 중심에는 두 개의 회전 응집체가 각각 존재하며, 이들을 둘러싼 두 개의 방 구조가 연결된 상태이다.

이 과정에서 생성되는 헬륨은 대략 4질량을 갖는다. 하지만 실제 원자 질량은 정확한 정수가 아니며, 방 구조의 형태, 회전 중심들 간의 거리와 각도, 자기장 결속의 강도 등에 따라 미세한 차이를 보인다.

중성자의 분리와 소멸 메커니즘

중수소가 특정 조건에서 분해되면, 원래의 수소와 독립된 중성자로 분리된다. 중성자는 회전 중심의 양전하를 머금고 있던 빈 방 구조이다. 이는 중심의 회전 응집체 없이 껍질만 남은 상태로, 구조적으로 매우 불안정하다.

이 빈 방 상태의 중성자는 내부에 간직하고 있던 양전하의 용량만큼 주변 공간에서 전자를 지속적으로 방출한다. 해례이론에 따르면 이 과정은 빈 방이 가진 에너지 용량이 모두 소진될 때까지 계속되며, 이것이 자유 중성자가 불안정한 이유이다.

중성자가 소멸하는 과정에서 방출되는 전자들은 주변 공간의 에너지 밀도를 교란시키며, 이는 작은 규모의 중력적 요동을 발생시킨다.

또한 이 과정에서 발생하는 에너지 방출은 감마선이나 기타 방사선의 형태로 관측되기도 한다.

삼중수소: 불안정한 과도기 구조

때로는 중수소 형성 과정에서 양성자가 탈락하고 중성자만 하나 더 붙는 경우가 발생한다. 이것이 삼중수소이다. 삼중수소는 하나의 양성자와 두 개의 중성자로 구성되지만, 이는 매우 불균형한 구조이다. 중심의 회전 응집체 하나로는 두 개의 방 구조를 안정적으로 유지할 수 없기 때문이다.

따라서 삼중수소는 생성되자마자 빠르게 불안정해지며, 곧 분해되어 더 안정한 구조로 전환된다. 이 과정은 매우 짧은 시간 안에 일어나므로, 삼중수소는 자연계에서 극히 드물게만 관찰된다.

원자 질량 분포의 원리

이러한 메커니즘은 자연계에서 관찰되는 원자 질량 분포의 기본 원리를 설명한다. 수소, 중수소, 헬륨 등의 질량이 대략적으로 정수에 가까운 값을 보이는 것은, 이들이 기본 단위인 수소를 바탕으로 구성되기 때문이다.

그러나 실제 원자 질량은 정확한 정수가 아니며, 각 원소마다 고유한 소수점 값을 갖는다. 이는 방 구조의 형태, 회전 중심들의 배열, 자기장 결속의 강도, 방 경계의 밀도 등에 따른 미세한 구조적 차이에서 비롯된다. 이러한 세부적인 질량 변화의 정확한 메커니즘은 향후 더 정밀한 연구가 필요한 영역이다.

더 무거운 원소들 역시 이와 유사한 방식으로 형성되며, 각각은 기본 구조 단위들의 복합적 결합으로 이해할 수 있다. 이는 해례이론이 예측하는 원자 구조의 모듈성과 그로 인한 질량 분포 패턴의 기초를 제시한다.

이로써 해례이론은 원자의 질량 분포, 핵융합 과정, 중성자의 불안정성, 그리고 다양한 동위원소의 존재를 하나의 통일된 메커니즘으로 설명할 수 있게 된다. 이는 기존 물리학이 별도의 복잡한 이론들로 다루어야 했던 현상들을 단순하고 직관적인 구조 변화 과정으로 통합하는 해례이론의 설명력을 보여 준다.

별의 중심부에서 일어나는 이러한 핵융합 과정과 초신성 폭발은 주기율표에 있는 다양한 원소들을 생성한다. 이렇게 만들어진 원소들은 다시 모여 행성, 위성, 소행성과 같은 천체를 형성한다.

복잡한 구조에서의 힘의 역할

더 복잡한 물질 구조에서도 네 가지 힘의 역할은 동일하다. 강력은 원자핵 내에서 방 구조들을 결합시키고, 약력은 방사성 붕괴와 같은 과정을 통해 원자핵의 구조를 변화시킨다. 전자기력은 원자들 사이의 화학 결합을 형성하여 분자를 만들고, 중력은 큰 규모에서 물질을 모아 천체를 형성한다.

그러나 이 모든 과정은 별개의 힘이 작용하는 것이 아니라, 방 구조의 동일한 기본 메커니즘이 서로 다른 규모와 조건에서 나타나는 것이다. 마치 작은 규모에서의 물의 표면장력과 큰 규모에서의 파도가 모두 동일한 물 분자의 특성에서 비롯되듯이, 네 가지 힘도 모두 방 구조의 특성에서 비롯된다.

통합적 구조의 확장

방 구조의 집합이 충분히 복잡해지면, 자기조직화 시스템이 출현할 수 있다. 이러한 복잡한 시스템들은 방 구조들의 특정한 배열과 상호작용 패턴으로 이해할 수 있으며, 이 패턴은 에너지를 흡수하고 발산하며 자기 구조를 유지한다.

이러한 관점은 물질의 다양한 형태를 모두 동일한 기본 원리에 기반한 연속적인 스펙트럼으로 이해할 수 있게 한다. 단순한 분자부터 복잡한 결정 구조, 그리고 더 나아가 생명체까지, 모든 것은 방 구조의 회전과 응집, 그리고 그들의 상호작용 패턴에서 비롯된다.

원자 하나에 담긴 우주

해례이론의 관점에서, 네 가지 기본 힘은 별개의 현상이 아니라 동일한 메커니즘의 서로 다른 측면이다. 이 통합적 이해는 글루온, 쿼크, 중성미자, 힉스 보손과 같은 추가적인 입자를 가정할 필요 없이, 원자 하나의 구조와 작동 방식만으로 모든 물리 현상을 설명할 수 있음을 시사한다.

원자 하나에 이미 네 가지 힘이 모두 내재되어 있으며, 이 힘들은 방 구조의 회전, 전자 생성, 공간 수렴이라는 단일 메커니즘의 다양한 표현이다.

이는 마치 빛의 스펙트럼이 모두 전자기파라는 동일한 현상의 다른 주파수일 뿐인 것과 같다.

이러한 통합적 이해는 현대 물리학의 여러 미해결 문제들—질량의 기원, 중력과 양자역학의 통합, 암흑 물질과 암흑 에너지의 본질—에 대한 새로운 시각을 제공한다. 모든 것이 방 구조의 특성에서 비롯된다면, 이러한 문제들도 동일한 기본 원리 내에서 이해될 수 있을 것이다.

마치 훈민정음이 5자음과 3모음으로 모든 소리를 표현할 수 있게 했듯이, 해례이론도 방 구조의 회전과 응집이라는 단순한 원리로 모든 물리 현상을 설명한다. 이러한 접근은 물리학을 다시 한번 자연의 아름다움과 단순성에 대한 경이로운 탐구로 만든다.

블레이크의 시구 "하나의 모래알에서 세계를 보고, 한 송이 들꽃에서 천국을 보라"처럼, 해례이론은 원자 하나에서 우주의 모든 법칙을 볼 수 있다고 말한다. 이는 우주의 무한한 복잡성이 사실은 몇 가지 단순한 원리의 무한한 변주일 수 있다는 가능성을 시사한다.

제6부

어둠 속의 빛
– 미지의 95%를 향하여

18장. 밤하늘의 역설:
올베르스가 던진 영원한 질문

오래된 질문, 새로운 답

우리는 매일 밤 어두운 하늘을 본다. 이것은 너무나 당연해서 의문을 품지 않는다. 하지만 이 단순한 현상 속에는 우주의 구조와 빛의 본질에 대한 심오한 비밀이 숨어 있다. 밤하늘은 왜 어두운가? 이 질문은 물리학 역사상 가장 유명한 역설 중 하나인 올베르스 역설로 알려져 있다.

만약 우주가 무한하고, 별들이 균일하게 분포해 있다면, 우리가 어느 방향을 보더라도 결국 어떤 별의 표면에 이르게 될 것이다. 숲속에서 어느 방향을 보더라도 나무가 보이는 것처럼 말이다. 그렇다면 밤하늘은 태양 표면처럼 밝게 빛나야 하지 않을까? 하지만 현실은 그렇지 않다. 이것이 바로 올베르스 역설의 핵심이다.

역사적 고민: 천재들의 해답 찾기

이 문제의식은 올베르스보다 훨씬 이전부터 시작되었다. 16세기 요하네스 케플러는 우주가 유한하기 때문에 밤하늘이 어둡다고 생각했다. 18세기에는 에드먼드 할리와 장 필리프 드 셰조가 이 문제를 다시 제기했다. 하지만 이 역설이 가장 명확하게 정식화된 것은 1823년 독일의 천문학자 하인리히 올베르스에 의해서였다.

올베르스와 그의 동시대인들은 여러 가지 해결책을 제안했다.

첫째, 우주 먼지가 빛을 흡수한다는 설명. 하지만 이 이론은 곧 한계를 드러냈다. 먼지가 빛을 흡수하면 결국 가열되어 스스로 빛을 방출하게 되기 때문이다.

둘째, 별의 수명이 유한하다는 설명. 모든 별이 동시에 빛나지 않는다면 어둠을 설명할 수 있을 것 같았다.

셋째, 우주의 나이가 유한하다는 설명. 빛이 아직 도달하지 못한 먼 별들이 있다면, 하늘은 어두워 보일 수 있다.

이러한 고전적 해답들은 각각 일리가 있었지만, 문제를 완전히 해결하지는 못했다. 진정한 해결책은 20세기 현대 우주론의 등장을 기다려야 했다.

현대 우주론의 설명: 팽창하는 우주

현대 물리학은 에드윈 허블의 발견과 빅뱅 이론을 통해 올베르스 역설에 대한 새로운 답을 제시했다. 허블은 1929년 먼 은하들이 우리로부터 멀어지고 있으며, 그 속도는 거리에 비례한다는 것을 발견했다. 이는 우주가 팽창하고 있다는 증거였다.

팽창하는 우주에서 먼 별빛은 다음과 같은 효과를 겪는다.

적색편이(Redshift): 우주 팽창으로 인해 빛의 파장이 늘어나고, 에너지가 감소한다. 매우 먼 별들의 빛은 가시광선 영역을 벗어나 적

외선이나 마이크로파로 변한다.

광도 감소: 우주 팽창은 빛의 에너지를 희석시킨다. 거리가 멀수록 이 효과는 더욱 두드러진다.

시간 지연: 빛이 이동하는 동안 우주가 계속 팽창하므로, 빛이 우리에게 도달하는 데 필요한 시간이 늘어난다.

현대 우주론은 이를 다음과 같은 수식으로 표현한다.

$$I = \Sigma \, (L / 4\pi r^2) \times (\lambda_0/\lambda) \times (1/(1 + z)^4)$$

여기서 I는 관측되는 총 밝기, L은 별의 고유 광도, r은 거리, λ_0/λ는 파장 변화, z는 적색편이 값이다.

빅뱅 이론에 따르면 우주의 나이는 약 138억 년이다. 따라서 138억 광년보다 먼 곳의 빛은 아직 우리에게 도달하지 못했다. 이를 '관측 가능한 우주'의 한계라고 부른다.

그러나 이러한 현대적 설명에도 불구하고, 완전히 만족스럽지 못한 부분이 있다. 무한한 우주에서 유한한 나이만으로 올베르스 역설을 완전히 해결할 수 있을까? 여기서 해례이론은 새로운 관점을 제시한다.

해례이론의 혁신적 재해석

해례이론은 올베르스 역설을 전혀 새로운 각도에서 바라본다. 핵심은 '공간 수렴'과 '가림 효과'라는 두 가지 개념이다.

공간 수렴 효과

해례이론에 따르면, 중력은 공간을 당기는 힘이 아니라 공간이 수렴하는 현상이다. 모든 천체는 주변 공간을 끊임없이 소멸시키며, 이로 인해 주변 공간이 그 방향으로 수렴한다. 이러한 공간 수렴은 빛의 경로에도 영향을 미친다.

빛이 중력장을 통과할 때:

공간 수렴으로 인해 빛의 실제 이동 거리가 늘어난다.
빛의 속도가 느려진다.
(해례이론의 핵심: $C_{eff} = c - \gamma\beta\eta\omega^2R$)
에너지가 감소하고 파장이 늘어난다.
이는 단순한 기하학적 효과가 아니라, 공간 자체의 구조적 변화로 인한 것이다.

가림 효과와 시야 차단

해례이론이 제시하는 가장 직관적인 설명은 '가림 효과'다. 이는 마치 숲에서 앞쪽 나무들이 뒤쪽 나무들을 가리는 것과 같은 원리다.
우주에서도 마찬가지다.
우리와 가까운 별들이 먼 별들의 빛을 물리적으로 차단한다.
거리가 멀수록 가려질 확률이 기하급수적으로 증가한다.

결국 대부분의 먼 별빛은 우리에게 도달하지 못한다.

가림 효과

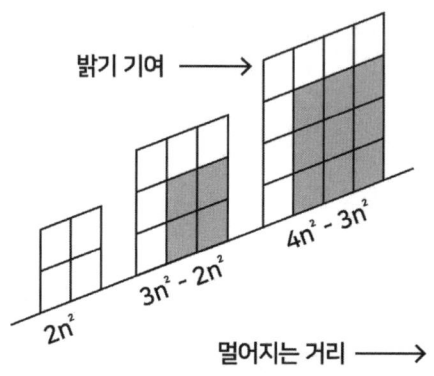

이를 수학적으로 표현하면,

$$I\_total = \int_0^\infty p(r) \times L(r) \times V(r) \times e^{(-r(r))} \, dr$$

여기서 $\tau(r)$은 광학적 깊이로, 가림 효과를 나타낸다. 거리 r이 증가할수록 $e^{(-\tau(r))}$은 급격히 감소하여, 먼 별들의 기여도는 무시할 수 있게 된다.

밝기 수렴의 수학적 증명

해례이론은 별의 밝기 총합이 무한대로 발산하지 않고 특정 값에 수렴함을 보여 준다.

$$B\_total = \Sigma(r = 1 \rightarrow \infty)\, r^2 / 2^{\wedge}(r - 1) = \Sigma(r = 1 \rightarrow \infty)\, (r^2 - r^2 / 1)$$

이 급수는 수렴한다. 왜냐하면,

거리 r에서 별의 수는 대략 2r−1에 비례한다.

각 별의 밝기는 $1/r^2$에 비례하여 감소한다.

가림 효과가 추가로 작용한다.

따라서,

$\lim(r \rightarrow \infty)$ I_total = K(유한한 상수)

이는 밤하늘의 밝기가 유한한 값으로 수렴함을 의미한다.

광속 가변성의 영향

해례이론에 따르면 빛의 속도는 불변이 아니다. 중력이 강한 곳에서는 빛이 느려지고, 이는 우주 전체의 빛 분포에 영향을 미친다. 은하나 별 주변을 지나는 빛은 모두 미세하게 감속되며, 이 효과가 누적되면 먼 별빛의 도달 시간과 에너지에 상당한 변화를 일으킨다.

에너지 응집체로서의 빛

해례이론에서 빛은 단순한 파동이나 입자가 아니라 '마루만 존재하는 선형 구조'다. 전자들이 진주 목걸이처럼 연결된 에너지 응집체인 빛은, 긴 거리를 이동하면서 구조적 변화를 겪는다. 이 과정에서 에너지가 소실되고, 일부 광자는 아예 소멸한다.

공간의 동적 구조

해례이론에서 공간은 정적인 무대가 아니라 끊임없이 생성되고 소멸하는 동적 구조다. 모든 천체가 주변 공간을 소멸시키고 있으므로, 우주 공간은 복잡한 수렴 패턴을 형성한다. 이러한 공간의 동적 구조는 빛의 전파에 비선형적 영향을 미친다.

중력렌즈 효과의 재해석

일반상대성이론은 중력렌즈를 공간 곡률로 설명하지만, 해례이론은 이를 공간 수렴과 광속 변화로 설명한다. 무거운 천체 주변에서 빛이 휘는 것은 공간이 휘어서가 아니라, 공간 수렴으로 인한 경로 변화와 속도 감소 때문이다.

실용적 계산과 검증 가능성

해례이론은 올베르스 역설에 대해 구체적이고 검증 가능한 예측을 제시한다.

a. 정량적 밝기 계산

거리 r에 있는 별들로부터 오는 총 밝기:

$$B(r) = N(r) \times L_0 / r^2 \times a(r) \times \beta(r)$$

여기서: $N(r)$: 거리 r에서의 별의 수

L_0: 평균 고유 광도

$\alpha(r)$: 가림 효과 계수

$\beta(r)$: 공간 수렴 효과 계수

해례이론은 $\alpha(r)$과 $\beta(r)$이 거리에 따라 지수적으로 감소함을 보여준다.

b. 관측 가능한 예측

해례이론은 다음과 같은 관측 가능한 현상을 예측한다.

거리별 밝기 분포: 특정 거리 이후 급격한 밝기 감소

파장별 감쇠 패턴: 단파장 빛이 장파장보다 더 빨리 감쇠

공간 분포의 비대칭성: 중력 밀도가 높은 방향에서 더 강한 감쇠

c. 새로운 실험 제안

해례이론은 올베르스 역설과 관련하여 다음과 같은 실험을 제안한다.

심우주 밝기 구배 측정: 다양한 방향으로 우주 배경 복사의 미세한 밝기 차이를 정밀 측정하여 가림 효과를 검증

중력 렌즈 주변 광속 측정: 강한 중력장 주변에서 빛의 속도 변화를 직접 측정

초장거리 적색편이 비선형성: 매우 먼 천체들의 적색편이가 선형 관계를 벗어나는지 확인

철학적 의미와 새로운 이해

해례이론이 제시하는 올베르스 역설의 해답은 단순히 기술적인 설명을 넘어 우주에 대한 우리의 근본적인 이해를 바꾼다.

어둠의 역설적 의미

"밤하늘이 어두운 이유는 별이 없어서가 아니라, 너무 많은 별이 서로의 빛을 가리고 있기 때문이다."

이 문장은 해례이론의 핵심 통찰을 담고 있다. 어둠은 결핍이 아니라 과잉의 결과다. 무한한 별들이 서로를 가리고, 공간 자체가 빛을 삼키면서 만들어 내는 것이 바로 밤하늘의 어둠이다.

관찰자와 우주

우리가 보는 밤하늘은 우주의 객관적 모습이 아니라, 우리 위치에

서 바라본 특별한 관점이다. 다른 위치에서는 다른 가림 패턴이 나타날 것이며, 따라서 다른 밤하늘을 보게 될 것이다. 이는 관찰자와 우주의 관계에 대한 심오한 통찰을 제공한다.

유한함 속의 무한함

해례이론은 무한한 우주에서도 유한한 효과가 나타날 수 있음을 보여 준다. 무한히 많은 별들이 있어도, 그들의 빛은 유한한 밝기로 수렴한다. 이는 수학적 무한과 물리적 현실 사이의 관계에 대한 중요한 교훈을 준다.

새로운 우주관의 시작

올베르스 역설은 단순해 보이는 관찰─밤하늘의 어둠─에서 시작하여 우주의 구조와 빛의 본질에 대한 심오한 질문으로 이어진다. 기존의 현대 우주론이 우주 팽창과 유한한 나이로 이를 설명했다면, 해례이론은 공간 수렴과 가림 효과라는 더 근본적인 메커니즘을 제시한다.

해례이론의 설명은 여러 면에서 획기적이다:

직관적 이해: 숲의 나무처럼 별들이 서로를 가린다는 설명은 누구나 이해할 수 있다.
수학적 엄밀성: 밝기가 유한한 값으로 수렴함을 수학적으로 증명한다.

예측 가능성: 구체적이고 검증 가능한 예측을 제시한다.

통합적 설명: 중력, 빛, 공간의 본질을 하나의 틀 안에서 설명한다.

올베르스 역설에 대한 해례이론의 재해석은 단지 하나의 문제를 해결하는 것을 넘어, 우주를 바라보는 새로운 패러다임을 제시한다. 어둠이 밝음의 부재가 아니라 과잉의 결과라는 통찰은, 우리가 당연하게 여기던 많은 것들을 다시 생각하게 만든다.

밤하늘을 올려다볼 때, 우리는 이제 단순한 어둠이 아니라 우주의 심오한 구조를 보게 된다. 무한한 별들이 만들어 내는 유한한 밝기, 그것이 바로 해례이론이 밝혀낸 우주의 아름다운 역설이다.

"어둠이 과잉의 결과라는 해석은, 우리 인식의 역설을 드러낸다. 너무 많아서 보이지 않는 것, 그것이 바로 우주다."

19장. 보이지 않는 거인들: 암흑 물질과 암흑 에너지

1. 우주의 숨겨진 95%

밤하늘을 올려다보면 수많은 별들이 반짝인다. 인류는 오랫동안 그 빛나는 점들을 통해 우주를 이해한다고 믿었다. 그러나 20세기 후반, 천문학자들은 충격적인 사실을 발견했다. 우리가 볼 수 있는 모든 것—별, 행성, 가스 구름, 심지어 블랙홀까지—은 우주 전체의 단 5%에 불과하다는 것이다.

나머지 95%는 무엇일까? 과학자들은 이 보이지 않는 존재들에게 '암흑'이라는 이름을 붙였다. 27%는 암흑물질, 68%는 암흑에너지. 이들은 빛과 상호작용하지 않아 직접 관측할 수 없지만, 그 중력적 효과를 통해서만 존재를 드러낸다. 마치 보이지 않는 거인들이 우주의 구조를 조종하고 있는 것 같다.

해례이론은 이 거대한 미스터리에 대해 근본적으로 다른 질문을 던진다. 과연 이 '암흑'은 정말 우리가 모르는 새로운 물질과 에너지일까? 아니면 우리가 이미 알고 있는 물리 법칙을 불완전하게 이해한 결과일까?

2. 암흑물질의 발견과 수수께끼

즈위키의 혁명적 통찰

1933년, 스위스의 천문학자 프리츠 즈위키는 캘리포니아 공과대학에서 코마 은하단을 연구하며 이상한 점을 발견했다. 이 거대한 은하 집단은 지구로부터 약 3억 2천만 광년 떨어진 곳에 위치해 있으며, 천 개가 넘는 은하들로 이루어져 있다.

즈위키는 은하단 내 개별 은하들의 운동 속도를 측정하면서 놀라운 사실을 깨달았다. 은하들이 너무 빨리 움직이고 있었다. 만약 눈에 보이는 물질의 중력만 작용한다면, 이 은하들은 진작에 우주 공간으로 흩어져 버렸어야 했다. 하지만 그들은 여전히 하나의 집단을 이루고 있었다.

계산 결과는 충격적이었다. 은하단을 하나로 묶어 두려면 관측되는 물질보다 400배나 많은 질량이 필요했다. 즈위키는 이 보이지 않는 질량을 '둔클레 마테리에(Dunkle Materie)'—독일어로 '암흑물질'—이라고 불렀다. 하지만 당시 과학계는 이 혁명적 아이디어를 진지하게 받아들이지 않았다.

베라 루빈의 결정적 증명

40년이 지난 1970년대, 미국의 천문학자 베라 루빈은 안드로메다 은하를 비롯한 여러 나선은하들의 회전을 정밀하게 연구했다. 그녀의 발견은 암흑물질의 존재를 확실하게 입증했다.

뉴턴의 중력 법칙에 따르면, 은하 중심에서 멀어질수록 별들의 공전 속도는 느려져야 한다. 태양계에서 수성이 가장 빠르고 해왕성이 가장 느린 것처럼 말이다. 그러나 관측 결과는 정반대였다. 은하 외곽의 별들도 중심부의 별들과 거의 같은 속도로 공전하고 있었다.

이는 마치 회전목마처럼 은하 전체가 하나의 단단한 판으로 회전하는 것 같았다. 루빈의 데이터는 명확했다. 은하의 가시적인 물질만으로는 이런 회전 패턴을 설명할 수 없었다. 은하를 둘러싸고 있는 거대한 암흑물질 헤일로(halo)가 있어야만 했다.

암흑물질 후보들의 탐색

암흑물질이 존재한다는 것은 분명해졌지만, 그것이 무엇인지는 여전히 미스터리였다. 물리학자들은 다양한 후보를 제시했다.

WIMP(Weakly Interacting Massive Particles): 약하게 상호작용하는 무거운 입자. 표준모형을 넘어서는 새로운 입자로, 초대칭 이론에서 예측하는 입자들이 유력한 후보였다.

액시온(Axion): 매우 가벼운 입자로, 강한 핵력의 CP 대칭성 문제를 해결하기 위해 제안된 이론적 입자.

원시 블랙홀: 빅뱅 직후 형성된 미니 블랙홀들. 별의 붕괴로 생긴 일반적인 블랙홀과는 다른 기원을 가진다.

스테릴 중성미자: 일반 중성미자와 달리 약한 핵력과도 상호작용하지 않는 가상의 입자.

수십 년간 과학자들은 이 입자들을 찾기 위해 노력했다. 지하 깊은 곳에 거대한 검출기를 만들고, 입자가속기에서 충돌 실험을 수행하며, 우주에서 오는 신호를 분석했다. 하지만 아직까지 암흑물질 입자의 직접적인 증거는 발견되지 않았다.

3. 암흑에너지: 우주 가속 팽창의 충격

초신성이 밝힌 놀라운 진실

1998년, 우주론에 또 다른 혁명이 일어났다. 두 개의 독립적인 연구팀—초신성 우주론 프로젝트(Supernova Cosmology Project)와 고적색편이 초신성 탐색팀(High-Z Supernova Search Team)—이 놀라운 발견을 발표했다.

그들은 Ia형 초신성을 관측하고 있었다. 이 초신성들은 '표준 광원(standard candle)'으로 불리는데, 폭발할 때의 절대 밝기가 거의 일정하기 때문이다. 겉보기 밝기와 절대 밝기를 비교하면 거리를 정확히 측정할 수 있다.

연구팀들은 수십억 광년 떨어진 초신성들을 관측했다. 그런데 이 초신성들이 예상보다 어둡게 보였다. 이는 그들이 생각보다 더 멀리 있다는 의미였다. 우주가 단순히 팽창하는 것이 아니라, 그 팽창 속도가 시간이 지날수록 빨라지고 있었던 것이다.

이 발견은 물리학의 근본을 흔들었다. 우주의 모든 물질은 서로를 끌어당기는 중력을 가지고 있다. 따라서 우주 팽창은 시간이 지나면서 느려져야 했다. 하지만 관측은 정반대를 보여 주었다. 무언가가 중력을 이기고 우주를 밀어내고 있었다.

아인슈타인의 우주상수 부활

아이러니하게도, 이 발견은 아인슈타인이 80년 전에 버렸던 아이디어를 되살렸다. 1917년, 아인슈타인은 일반상대성이론을 우주 전체에 적용하면서 문제에 부딪혔다. 그의 방정식은 우주가 팽창하거나 수축해야 한다고 예측했지만, 당시에는 우주가 정적이라고 믿었다.

이 문제를 해결하기 위해 아인슈타인은 '우주상수(Λ)'를 도입했다. 이는 공간 자체에 내재된 에너지로, 중력과 반대되는 척력을 만들어 낸다. 하지만 1929년 허블이 우주 팽창을 발견하자, 아인슈타인은 우주상수를 "일생일대의 실수"라고 부르며 폐기했다.

그러나 1998년의 발견은 우주상수가 실제로 존재할 수 있음을 시사했다. 물리학자들은 이를 '암흑에너지'라고 불렀다. 빈 공간조차도 에너지를 가지고 있으며, 이 에너지가 우주를 가속 팽창시킨다는 것이다.

암흑에너지의 미스터리

암흑에너지는 암흑물질보다 더 큰 미스터리다. 그것은 우주 전체에 균일하게 퍼져 있으며, 시간이 지나도 밀도가 변하지 않는다. 우주가 팽창하면서 일반 물질과 암흑물질의 밀도는 감소하지만, 암흑에너지의 밀도는 일정하게 유지된다.

현재 암흑에너지에 대한 주요 이론들은 다음과 같다.

우주상수: 진공 에너지. 양자장이론에 따르면 빈 공간도 영점 에너지를 가진다. 하지만 이론적 계산값은 관측값보다 10^{120}배나 크다—물리학 역사상 최악의 불일치.

퀸테센스(Quintessence): 시간에 따라 변하는 스칼라장. 인플레이션을 일으킨 인플라톤 장과 유사한 개념이지만, 훨씬 약한 효과를 갖는다.

수정 중력 이론: 일반상대성이론을 수정하여 큰 규모에서는 중력이 다르게 작용한다고 가정. 암흑에너지가 아니라 중력 자체의 본질이 우리가 생각하는 것과 다를 수 있다.

4. 해례이론의 혁명적 재해석

암흑물질: 방 구조의 집합적 중력 효과

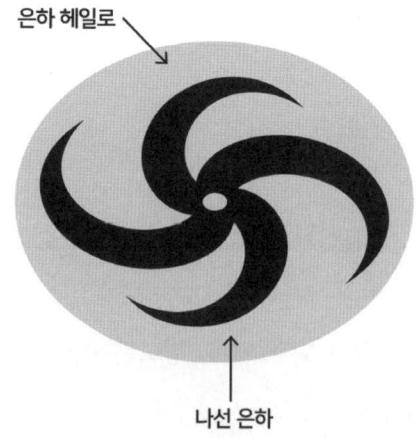

은하 헤일로

나선 은하

해례이론은 암흑물질에 대해 완전히 새로운 관점을 제시한다. 미지의 입자를 찾는 대신, 우리가 이미 알고 있는 물질들의 집합적 상호작용에서 답을 찾는다.

해례이론의 핵심 개념인 '방 구조'를 상기해 보자. 모든 원자는 중심의 회전하는 양성자와 그를 둘러싼 구형 경계(방 구조)로 이루어져 있다. 전자는 이 경계에서 생성되며, 생성 과정에서 공간이 소멸하고 주변 공간이 수렴한다. 이것이 중력의 본질이다.

이제 은하와 같은 거대한 구조를 생각해 보자. 수천억 개의 별, 각각이 수십억 개의 원자로 이루어진 거대한 집합체. 이 모든 방 구조들이 개별적으로 공간을 수렴시키며 중력을 만들어 낸다. 그런데 여기서 중요한 점은, 이들이 단순히 선형적으로 더해지는 것이 아니라는 것이다.

물리학에는 '창발(emergence)'이라는 개념이 있다. 많은 요소가 모이면 개별 요소들의 단순한 합으로는 설명할 수 없는 새로운 현상이 나타난다. 물 분자 하나는 젖지 않지만, 수많은 물 분자가 모이면 '젖음'이라는 성질이 나타나는 것처럼.

해례이론은 은하 규모에서도 이런 창발 현상이 일어난다고 제안한다. 수많은 방 구조가 모이면, 개별 구조들의 중력 효과를 넘어서는 '창발적 중력장'이 형성된다. 이는 마치 은하 전체가 하나의 거대한 방 구조를 형성하는 것과 같다.

은하의 통합된 중력 구조

이 관점에서 은하를 다시 바라보면, 중심부에는 초거대 블랙홀과

밀집된 별들이 있다. 이들은 강력한 중력을 만들어 내며, 주변 공간의 급격한 수렴을 일으킨다. 나선팔을 따라 분포한 별들과 가스 구름들도 각자의 방 구조를 가지고 있다.

그런데 이 모든 개별 구조들이 상호작용하면서, 은하 전체를 감싸는 확장된 중력 구조가 형성된다. 이 구조는 가시적인 물질의 분포를 훨씬 넘어서 확장되며, 은하의 경계를 정의한다. 마치 도시의 불빛이 만들어 내는 광공해가 도시 경계를 넘어 확산되는 것처럼.

은하 외곽의 별들이 예상보다 빠르게 공전하는 이유가 여기에 있다. 그들은 단순히 중심부 물질의 중력만 받는 것이 아니라, 은하 전체가 형성하는 집합적 중력 구조의 영향 아래 있다. 이 구조 안에서는 모든 것이 하나의 통합된 시스템처럼 움직인다.

계층적 구조와 우주적 규모

이 원리는 더 큰 규모로 확장된다. 여러 은하가 모여 은하군을 이루고, 은하군들이 모여 은하단을 형성한다. 각 단계에서 새로운 집합적 중력 구조가 나타난다. 이는 러시아 인형처럼 작은 구조가 큰 구조 안에 포함되는 계층적 패턴을 만든다.

즈위키가 코마 은하단에서 발견한 '암흑물질'도 이렇게 설명될 수 있다. 개별 은하들의 집합적 방 구조가 다시 통합되어, 은하단 전체를 아우르는 거대한 중력 구조를 형성한다. 이 구조가 은하들을 하나로 묶어 두는 '보이지 않는 힘'의 정체다.

암흑에너지: 빛의 우주적 여정 재고찰

암흑에너지에 대한 해례이론의 해석은 더욱 대담하다. 우주가 실제로 가속 팽창하는 것이 아니라, 먼 거리에서 오는 빛의 특성을 우리가 제대로 이해하지 못한 결과일 수 있다는 것이다.

현재의 거리 측정 방법은 빛이 우주 공간을 여행하는 동안 그 속성이 변하지 않는다고 가정한다. 하지만 해례이론에 따르면, 빛(전자의 파동)은 그 여정에서 다양한 상호작용을 겪는다.

첫째, 빛은 다양한 중력장을 통과한다. 은하, 은하단, 그리고 우주의 거대 구조들. 각각의 중력장은 빛의 경로와 속성에 미세한 영향을 미친다. 이 효과들은 개별적으로는 작지만, 수십억 광년에 걸쳐 누적되면 상당한 변화를 일으킬 수 있다.

둘째, 해례이론은 광속이 절대 불변이 아니라고 제안한다. 강한 회전 에너지나 높은 에너지 밀도 영역에서는 빛의 속도가 변할 수 있다. 방정식 $C_{eff} = c - \gamma\beta\eta\omega^2R$은 이러한 변화를 수학적으로 표현한다.

셋째, 빛이 다양한 방 구조의 경계를 통과할 때 특별한 효과가 발생할 수 있다. 마치 빛이 다른 매질을 통과할 때 굴절되는 것처럼, 방 구조의 경계에서도 유사한 현상이 일어날 수 있다.

거리 측정의 체계적 오차

이러한 효과들을 고려하면, 원거리 천체의 거리 측정에 체계적인 오차가 있을 수 있다. 특히 거리가 멀수록 이 오차는 더 커진다. 빛이 더 많은 상호작용을 겪고, 더 많은 방 구조를 통과하기 때문이다.

이 오차가 거리에 따라 비선형적으로 증가한다면, 우리는 이를 우주의 가속 팽창으로 잘못 해석할 수 있다. 실제로는 우주가 일정한 속도로 팽창하거나 심지어 감속하고 있을지도 모른다.

이와 같은 누적 효과는 다음과 같이 표현될 수 있다.

$$\Delta z \propto \Sigma(i = 1 \rightarrow n)\,(\delta C_i + \delta \Phi_i)$$

여기서:

Δz: 총 적색편이의 변화량

$\delta C i$: 각 경로 구간에서의 광속 변화

$\delta \Phi i$: 각 구간의 중력 퍼텐셜 변화

이 식은 광속이 일정하지 않고, 중력장이 복잡하게 분포하는 우주에서 적색편이가 단순히 거리의 함수가 아니라 누적 효과로 나타날 수 있음을 보여 준다.

5. 검증 가능한 예측들

기존 관측 데이터의 재분석

해례이론의 관점에서 기존 관측 데이터를 다시 살펴보면 흥미로운 패턴들이 나타난다.

은하 회전 곡선: 다양한 은하들의 회전 곡선을 분석하면, 은하의 크

기와 구조에 따라 '암흑물질 효과'가 체계적으로 변한다. 작은 왜성은하에서는 이 효과가 약하고, 거대 나선은하에서는 강하다. 이는 집합적 방 구조의 규모와 일치한다.

중력렌즈 효과: 은하단 주변의 중력렌즈 효과는 가시 물질의 분포보다 훨씬 넓게 퍼져 있다. 해례이론에서는 이를 은하단의 집합적 방구조로 설명한다. 특히 렌즈 효과의 경계 부분에서 특이한 패턴이 관측되는데, 이는 방 구조의 경계 효과일 수 있다.

초신성 데이터: Ia형 초신성의 광도-거리 관계를 자세히 분석하면, 단순한 가속 팽창으로는 설명하기 어려운 미세한 편차들이 있다. 이러한 편차들은 빛이 다양한 우주 구조를 통과하면서 겪는 효과로 설명될 수 있다.

새로운 예측과 검증 방법

해례이론은 검증 가능한 구체적인 예측들을 제시한다.

① 은하 경계의 특이 현상

은하의 가시적 경계 너머에서 특별한 에너지 분포가 관측될 것이다.

X선이나 라디오파 관측에서 은하 헤일로의 예상치 못한 구조가 발견될 수 있다.

은하 경계를 통과하는 배경 천체의 빛에서 특이한 왜곡 패턴이 나타날 것이다.

② 거리별 광속 변화

매우 먼 거리의 퀘이사에서 오는 빛의 속성이 예상과 다를 것이다.

동일한 천체에서 방출된 다른 파장의 빛이 미세하게 다른 시간에 도착할 수 있다.

극초장 기선 간섭계(VLBI)를 이용한 정밀 측정에서 거리에 따른 체계적 편차가 발견될 것이다.

③ 중력 효과의 비선형성

다중 은하계에서 개별 은하들의 중력 합보다 강한 중력 효과가 관측될 것이다.

은하단 충돌 시 예상보다 강한 상호작용이 일어날 것이다.

우주 거대 구조의 형성 과정에서 시뮬레이션과 다른 패턴이 나타날 것이다.

④ 우주론적 관측의 재해석

우주 마이크로파 배경복사의 특정 이상 현상들이 방 구조 효과로 설명될 수 있다.

바리온 음향 진동(BAO)의 스케일이 거리에 따라 미세하게 변할 것이다.

적색편이 공간의 은하 분포에서 예상과 다른 클러스터링 패턴이 나타날 것이다.

6. 이론의 발전 과제와 미래 전망

수학적 형식화의 필요성

해례이론의 가장 큰 도전은 정성적 설명을 정량적 모델로 발전시키는 것이다. 방 구조의 집합적 효과를 수학적으로 기술하고, 이를 통해 정확한 예측을 도출해야 한다.

이를 위해서는,

방 구조 간 상호작용을 기술하는 새로운 수학적 틀이 필요하다.

비선형 중력 효과를 다루는 계산 방법을 개발해야 한다.

빛의 우주적 여정을 정확히 모델링하는 시뮬레이션이 필요하다.

실험적 검증 프로그램

해례이론의 예측을 검증하기 위한 구체적인 실험과 관측 프로그램이 필요하다.

지상 실험:

초정밀 중력 측정 장치를 이용한 근거리 중력 이상 탐색

입자가속기에서 방 구조 효과의 흔적 찾기

양자 간섭계를 이용한 공간 구조 연구

천문 관측:

차세대 망원경을 이용한 은하 경계 정밀 관측

중력파 검출기를 통한 시공간 구조 연구

우주 탐사선을 이용한 태양계 규모의 중력 이상 측정

패러다임 전환의 가능성

만약 해례이론이 옳다면, 이는 현대 물리학의 패러다임 전환을 의미한다. 우리는 더 이상 미지의 암흑 성분을 찾는 대신, 이미 알고 있는 물질과 에너지의 더 깊은 본질을 이해하게 될 것이다.

이러한 전환은,

우주론의 근본적 재구성을 요구할 것이다.

양자역학과 상대성이론의 새로운 통합 가능성을 열 것이다.

우주의 기원과 운명에 대한 새로운 시각을 제공할 것이다.

7. 결론: 그림자 너머의 진실을 향하여

과학적 겸손과 열린 태도

물론 해례이론이 최종적인 답은 아닐 수 있다. 과학의 역사는 이론들이 생성되고 수정되며 때로는 폐기되는 과정의 연속이었다. 중요한 것은 새로운 가능성에 대해 열린 자세를 유지하는 것이다.

현재의 암흑물질과 암흑에너지 패러다임도 수십 년간의 연구에도 불구하고 직접적인 증거를 찾지 못했다. 이는 우리가 근본적으로 다른 방향을 모색해야 할 시점이 왔음을 시사할 수 있다.

통합적 비전의 가치

해례이론의 가장 큰 매력은 통합성에 있다. 암흑물질과 암흑에너지를 별개의 미스터리로 보는 대신, 하나의 통합된 현상의 다른 측면으로 이해한다. 이 이론의 강점은 단순성에 있다. 복잡한 수학적 구조나 검증 불가능한 차원을 도입하지 않고, 직관적으로 이해 가능한 물리적 메커니즘을 제시한다.

마치 갈릴레오가 단순한 망원경으로 우주의 진실을 드러냈듯, 해례이론도 단순한 원리로 복잡한 현상을 설명하려 한다. 방 구조라는 하나의 개념이 중력, 전자기학, 그리고 이제 우주론까지 아우르는 통합된 설명을 제공한다.

미래를 향한 탐구

우주의 95%를 차지하는 암흑 성분들은 21세기 물리학의 가장 큰 도전이다. 해례이론은 이 도전에 대한 하나의 응답이며, 기존 패러다임과는 다른 길을 제시한다.

이 길이 옳은지 그른지는 시간과 관측이 말해 줄 것이다. 하지만 한 가지는 분명하다. 우주의 그림자를 이해하려는 노력은 계속될 것이며, 그 과정에서 우리는 예상치 못한 진실들을 발견하게 될 것이다.

우주는 여전히 수많은 비밀을 품고 있다. 암흑물질과 암흑에너지라는 거대한 그림자 너머에는 아직 우리가 상상하지 못한 더 큰 미스터리가 숨어 있을지도 모른다. 하지만 인류의 호기심과 탐구 정신이 있는 한, 우리는 계속해서 그 비밀에 다가갈 것이다.

빛과 그림자의 조화

우주를 이해한다는 것은 빛과 그림자 모두를 이해하는 것이다. 우리가 볼 수 있는 5%의 우주는 나머지 95%와 불가분의 관계에 있다. 암흑물질과 암흑에너지는 단순히 미지의 영역이 아니라, 우주의 본질적인 구성 요소다.

해례이론은 이 그림자들이 실은 우리가 이미 알고 있는 빛의 또 다른 모습일 수 있다고 제안한다. 방 구조의 집합적 효과, 빛의 우주적 여정, 공간과 시간의 더 깊은 본질—이 모든 것이 하나로 연결되어 우주의 거대한 그림을 만들어 낸다.

앞으로의 관측과 실험이 이 이론을 검증하든 반증하든, 중요한 것은 우리가 우주를 바라보는 새로운 시각을 얻었다는 점이다. 과학의 진보는 항상 기존의 틀을 깨고 새로운 가능성을 모색하는 데서 시작되었다.

영원한 탐구의 여정

인류의 우주 이해 여정은 끝이 없다. 각 시대는 나름의 방식으로 우주를 이해했고, 그 이해는 점차 깊어져 왔다. 지구 중심설에서 태양 중심설로, 뉴턴 역학에서 상대성이론으로, 그리고 이제 또 다른 도약을 앞두고 있을지도 모른다.

우주의 그림자는 아직 많은 부분이 미스터리로 남아 있다. 하지만 그 그림자 속에서 우리는 우주의 더 깊은 진실을 발견할 것이다. 빛이 있어야 그림자가 생기듯, 그림자가 있어야 빛의 진정한 의미를 알 수 있다.

암흑물질과 암흑에너지라는 우주의 거대한 그림자는 단순한 미지가 아니다. 그것들은 우주가 우리에게 던지는 질문이며, 더 깊은 이해로 이끄는 안내자다. 해례이론은 이 질문에 대한 하나의 답변을 시도한다. 그 답변이 옳든 그르든, 우리는 그 과정에서 우주와 우리 자신에 대해 더 많은 것을 배우게 될 것이다.

보이지 않는 거인들—암흑물질과 암흑에너지—은 더 이상 두려움의 대상이 아니다. 그들은 우주의 숨겨진 질서를 드러내는 열쇠이며, 인류가 다음 단계로 나아가는 데 필요한 통찰을 제공할 것이다. 그림자 속에서 빛을 발견하는 것, 그것이 바로 과학의 본질이다.

20장. 대통합의 완성: 새로운 물리학의 시대

이 책을 통해 우리는 원자의 탄생에서 시작하여 중력의 비밀, 빛의 본질, 그리고 우주의 거대 구조까지 탐구해 왔다. 각 장은 퍼즐 조각처럼 하나씩 맞춰져 왔고, 이제 완성된 그림을 바라볼 시간이 되었다. 그 그림은 우리가 예상했던 것보다 훨씬 더 통합적이고 아름다웠다.

하나의 메커니즘으로 통합된 네 가지 힘

현대 물리학이 자연의 네 가지 기본 힘을 각각 다른 이론으로 설명해 온 것은 마치 같은 산을 네 개의 다른 언어로 설명하는 것과 같았다. 중력은 시공간의 휨으로, 전자기력은 게이지 이론으로, 강력과 약력은 양자색역학과 전약 이론으로 각각 따로 다뤄졌다.

해례이론은 이 모든 힘을 하나의 근본 메커니즘으로 설명한다. 회전과 응집이라는 단순한 원리가 다른 스케일과 조건에서 다르게 표현될 뿐이다.

중력은 전자 생성으로 인한 공간 수렴 현상이다. 물질이 공간을 당기는 것이 아니라, 공간이 물질로 수렴하는 것이다. 이는 모래시계의 모래가 아래로 흐르는 것처럼 자연스러운 현상이다.

전자기력은 방 구조 경계에서의 전자 생성과 소멸 패턴으로 나타난다. 전자는 고정된 입자가 아니라 지속적으로 생성되고 소멸하는 동적 현상이며, 이 과정에서 전자기 상호작용이 발생한다.

강력은 방 구조들의 직접적인 융합이다. 핵자들이 매우 가까운 거리에서 그들의 구형 경계가 비누방울처럼 융합되어 강한 결합을 형성한다.

약력은 방 구조의 회전 모드 변화다. 회전 패턴의 변화가 입자의 종류를 바꾸며, 이것이 베타 붕괴와 같은 약한 상호작용으로 나타난다.

이는 단순한 수학적 통일이 아니다. 물리적으로 동일한 메커니즘이 다른 환경에서 다르게 발현되는 것이다. 물이 온도에 따라 얼음, 물, 수증기로 변하지만 본질은 H_2O로 동일한 것처럼 말이다.

양자역학과 상대성이론의 역사적 화해

해례이론의 가장 중요한 성과는 20세기 물리학의 두 기둥인 양자역학과 상대성이론 사이의 오랜 갈등을 해결하는 새로운 관점을 제시한 것이다.

절대시간의 복원을 통해 양자 얽힘의 순간적 상관관계를 자연스럽게 설명한다. 우주 전체에 통일된 '지금'이 존재한다면, EPR 역설은 더 이상 역설이 아니다. 아인슈타인이 "으스스한 원격작용"이라고 불렀던 현상이 절대시간 안에서는 완전히 자연스러운 동시성이 된다.

광속의 가변성 개념은 특수상대성의 경직성을 완화시킨다. 빛의 속도가 공간의 조건에 따라 변한다는 개념은 양자적 비국소성과 상대론적 인과율 사이의 긴장을 해소한다. 빛은 더 이상 절대적 기준이 아니라 공간 상태의 지표가 된다.

중력의 양자화에 대해서도 자연스러운 경로를 제시한다. 공간 수렴을 양자적 전자 생성과 연결함으로써, 각 전자 생성 사건이 미세한 공간 수렴을 일으키고, 이것이 집합적으로 거시적 중력이 된다는 그림을 그린다.

측정 문제의 해결도 주목할 만하다. 파동함수 붕괴는 더 이상 미스터리가 아니다. 관측은 에너지 구조들 간의 물리적 상호작용이며, 이 과정에서 전자의 생성–소멸 패턴이 변화하는 것이다. 측정 장치와 측정 대상 사이의 상호작용이 파동함수를 붕괴시키는 것이 아니라, 그 상호작용 자체가 새로운 에너지 구조의 형성을 의미한다.

우주의 미스터리들에 대한 새로운 해답

우주의 95%를 차지한다는 암흑물질과 암흑에너지도 해례이론에서는 더 이상 미스터리가 아니다.

암흑물질은 은하 규모에서 나타나는 방 구조의 집합적 효과로 설명된다. 개별 원자들의 중력이 단순히 더해지는 것이 아니라, 거대한 스케일에서는 창발적인 중력 구조가 형성된다. 이는 물 분자 하나에는 없는 '표면장력'이 많은 물 분자가 모이면 나타나는 것과 같은 창발적 현상이다. 은하의 회전 곡선을 설명하기 위해 보이지 않는 물질을 가정할 필요가 없다. 단지 스케일에 따른 중력의 비선형성을 인정하면 된다.

암흑에너지는 빛의 우주적 여정에서 발생하는 누적 효과로 해석된다. 수십억 광년을 여행하는 빛은 무수한 중력장과 에너지 구조를 통과하며 미세한 변화를 겪는다. 이 변화가 누적되어 우주가 가속 팽창하는 것처럼 보이게 만든다. 실제로는 공간 자체의 팽창이 아니라 빛의 성질 변화가 거리 측정에 오차를 만드는 것이다.

이러한 설명들은 기존의 암흑 성분들을 도입하지 않고도 관측 결과를 설명할 수 있는 가능성을 제시한다. 물론 이는 앞으로 더 정밀한 관측과 검증을 통해 확인되어야 할 가설들이다.

검증 가능한 구체적 예측들

해례이론은 공허한 철학적 사변이 아니다. 구체적이고 검증 가능한 예측들을 제시한다.

수직광자 직격 실험에서는 단일 광자를 수직으로 발사했을 때 절대 정지 기준계에 대한 운동으로 인한 편차를 측정한다. 지구의 자전 속도(약 460m/s), 공전 속도(약 30km/s), 태양계의 은하 공전 속도(약 220km/s)를 모두 고려하면, 예상 편차는 수 마이크로미터 수준이다. 현재의 레이저 간섭계 기술로 충분히 측정 가능한 정밀도다.

온도-중력 상관관계 실험에서는 동일 질량의 물체가 온도에 따라 다른 중력을 생성한다는 예측을 검증한다. 액체 헬륨 온도(4K)와 실온(300K) 사이에서 10^{-15} 수준의 중력 차이가 예상된다. 이는 현재 개발되고 있는 초정밀 중력계의 측정 한계에 근접한 수준이다.

은하 경계 효과 관측에서는 은하의 가시적 경계 너머에서 특이한 X선이나 라디오파 방출을 찾는다. 집합적 방 구조의 경계에서 나타나는 에너지 현상으로, 차세대 우주 망원경인 제임스 웹 망원경이나 유클리드 망원경으로 관측 가능할 것으로 예상된다.

이러한 예측들은 해례이론을 단순한 이론적 구조물이 아닌 검증 가능한 과학 이론으로 만든다. 포퍼의 반증가능성 원칙에 따라, 이론은 실험 결과에 의해 입증되거나 반박될 수 있으며, 이것이야말로 건전한 과학적 태도다.

새로운 실험 패러다임과 기술적 가능성

해례이론이 검증된다면, 실험 물리학에도 새로운 접근법이 필요해진다.

통합적 관측은 개별 현상이 아닌 시스템 전체의 상호작용을 관찰하는 것이다. 예를 들어, 입자 가속기 실험에서 충돌 사건만이 아니라 주변 공간의 에너지 밀도 변화까지 동시에 측정해야 한다.

다중 스케일 실험은 미시적 양자 현상과 거시적 중력 효과를 동시에 측정하는 것이다. 양자 간섭 실험을 하면서 동시에 중력파 검출기 수준의 정밀도로 공간 변화를 측정하는 복합 실험이 필요하다.

장기 관측 프로그램은 우주적 스케일의 효과를 검증하기 위한 수십 년 단위의 체계적 관측이다. 개별 연구자나 연구팀을 넘어선 국제적 협력이 필수적이다.

기술적 응용 가능성도 흥미롭다. 해례이론이 검증된다면 몇 가지 혁신적 기술이 가능할 수 있다. 국소적 공간 수렴 조작을 통한 중력 제어 기술, 공간 수렴 에너지의 직접 활용, 공간 구조를 이용한 새로운 추진 시스템 등이다. 하지만 이러한 기술들은 아직 이론적 가능성에 불과하며, 실현까지는 상당한 시간과 연구가 필요할 것이다. 과도한 기대보다는 신중한 연구가 우선되어야 한다.

의식과 물질의 새로운 관계

해례이론의 가장 깊은 함의는 의식과 물질의 관계에 대한 새로운 이해를 제시한다는 것이다.

방 구조의 회전과 응집이 만드는 복잡한 패턴은 단순한 물질 구조를 넘어선다. 뇌와 같은 고도로 조직화된 시스템에서 이러한 패턴들이 만드는 창발적 현상이 바로 의식일 수 있다. 의식은 물질과 분리된 별개의 실체가 아니라, 충분히 복잡한 방 구조들의 집합적 회전 패턴에서 나타나는 창발적 속성이라는 관점이다.

이는 의식의 물리적 기반에 대한 이해를 높이고, 인공지능의 새로운 설계 원리를 제시할 수 있다. 단순히 계산 능력을 높이는 것이 아니라, 적절한 회전-응집 패턴을 구현하는 것이 진정한 인공 의식의 열쇠가 될 수 있다.

생명의 본질에 대한 통찰도 얻을 수 있다. 생명체는 방 구조들이 자기조직화하여 안정적인 회전 패턴을 유지하는 시스템으로 볼 수 있다. 생명과 무생물의 경계는 절대적이지 않고, 복잡성과 조직화 정도의 차이일 뿐이다.

동서양 사상의 융합과 새로운 자연관

해례이론이 제시하는 자연관은 서양의 환원주의와 동양의 전일주의를 통합하는 새로운 패러다임이다.

서양 과학의 분석적 접근법은 복잡한 현상을 구성 요소로 분해하여 이해하려 했다. 이는 큰 성과를 거두었지만, 전체적 관점을 놓치는 한계가 있었다. 동양 철학의 전일적 접근법은 모든 것의 연결성을 강조했지만, 구체적 메커니즘을 설명하지 못했다.

해례이론은 이 두 접근법을 통합한다. 기본 법칙은 단순하다(회전과 응집). 하지만 복잡성은 단순한 규칙의 반복에서 창발한다. 스케일이 바뀌면 새로운 현상이 나타나며, 모든 것은 근본적으로 연결되어 있다. 분석과 종합, 환원과 전체론이 조화를 이룬다.

현대 물리학이 점점 더 추상적이고 수학적이 되어온 것과 달리, 해례이론은 직관적으로 이해 가능한 물리적 그림을 제시한다. 11차원 초끈이론이나 비가환 기하학 같은 추상적 수학 대신, 회전하는 구와 그 융합이라는 구체적 이미지를 제공한다. 수학은 자연을 기술하는 도구이지 목적이 아니라는 관점을 회복시킨다.

과학 혁명의 역사적 의미

우리는 지금 과학사의 전환점에 서 있다. 코페르니쿠스가 지동설을 제시했을 때, 뉴턴이 만유인력을 발견했을 때, 아인슈타인이 상대성 이론을 발표했을 때처럼, 해례이론은 우리의 우주관을 근본적으로 바꾸고 있다.

하지만 이번 혁명은 조금 다르다. 이전의 과학 혁명들이 주로 서양 문명 내에서 일어났다면, 해례이론은 동서양 사상의 융합을 통해 이루어지고 있다. 직관과 수학의 조화, 분석과 종합의 통합, 과학과 철학의 만남을 통한 사고방식의 진화다.

이는 단순한 이론의 교체가 아니라 인류 지성사의 새로운 단계를 의미한다. 서구 중심의 과학에서 진정한 의미의 세계 과학으로 나아가는 전환점이다.

미래 세대에게 전하는 메시지

이 책을 읽는 젊은 과학자들에게 전하고 싶은 메시지가 있다.

의심하라. 가장 확실해 보이는 것도 의심하라. 빛의 속도가 불변이라는 믿음도, 시간이 상대적이라는 가정도, 모든 것을 의심하고 검증하라. 과학의 발전은 의심에서 시작된다.

통합하라. 분야의 경계를 넘어서라. 물리학과 화학, 생물학과 우주론, 동양과 서양, 과거와 미래를 통합하라. 가장 중요한 발견들은 경계에서 일어난다.

단순화하라. 복잡한 현상 뒤의 단순한 원리를 찾아라. 자연은 본질적으로 단순하고 아름답다. 복잡한 수학이 반드시 깊은 물리를 의미하지는 않는다.

도전하라. 기존 패러다임에 도전하라. 틀릴 수도 있지만, 그 도전 자체가 과학을 진보시킨다. 실패한 이론도 성공한 이론만큼 중요하다.

끝나지 않는 탐구의 여정

해례이론이 모든 것을 설명했다고 주장하지는 않는다. 오히려 이것은 새로운 탐구의 시작이다. 우리가 답한 하나의 질문은 열 개의 새로운 질문을 낳는다.

회전과 응집의 근원은 무엇인가? 왜 우주는 이런 방식으로 작동하는가? 다른 우주에서는 다른 법칙이 적용되는가? 방 구조의 패턴이 정말 의식을 만들어 낼 수 있는가? 우리는 왜 여기 있는가?

이러한 질문들은 다음 세대의 과학자들이 풀어야 할 숙제다. 해례이론이 옳든 틀리든, 그것은 중요하지 않다. 중요한 것은 새로운 관점으로 자연을 바라보려는 시도 자체다.

과학은 완성된 건물이 아니라 끝없이 성장하는 나무다. 해례이론은 그 나무에 새로운 가지 하나를 추가한 것에 불과하다. 하지만 그 가지에서 어떤 꽃이 피고 어떤 열매가 맺힐지는 아무도 모른다.

우리는 우주라는 거대한 책의 첫 페이지를 막 넘긴 것일 뿐이다. 앞으로 읽어야 할 페이지들이 무수히 많이 남아 있다. 그리고 그 흥미진진한 독서는 지금 이 글을 읽고 있는 여러분의 몫이다.

에필로그

이 책을 통해 제시된 해례이론은 기존 물리학 이론의 틀을 넘어서는 새로운 접근을 시도한 결과물이다. 이 이론은 단순히 기존 이론들의 한계를 비판하는 것이 아니라, 그들의 기초를 다시 생각하고, 새로운 관점에서 자연의 법칙을 이해하려는 시도였다. 그러나 이 이론은 아직 미완성된 상태에 있으며, 많은 부분이 실험적 검증이나 수학적 구체화가 필요하다. 그렇지만 이 책은 그 출발점에 서 있으며, 이 여정은 이제 시작이다.

해례이론의 발전을 위해서는 여러 분야의 전문가들과의 협업이 필수적이다. 물리학, 수학, 철학 등 다양한 분야의 연구자들이 모여 이 이론을 실험적으로 검증하고 수학적으로 구체화할 수 있는 방법을 찾아야 한다. 또한, 이 이론이 제공하는 새로운 시각이 실제 실험적 증거를 통해 입증된다면, 이는 기존 물리학 패러다임에 큰 변화를 일으킬 수 있을 것이다.

이 이론을 더 발전시키기 위해서는 관계 기관의 지원이 중요하다. 한국연구재단(KRF), 기초과학연구원(IBS), 과학기술정보통신부(MSIT) 등의 연구 지원 프로그램을 통해 이 이론의 실험적 검증과 수학적 모델링을 위한 장비 사용을 지원받을 계획이다. 이러한 기관들은 혁신적인 연구와 새로운 과학적 접근을 지지하며, 본 연구가 미래 물리학 분야에 중요한 기여를 할 수 있도록 도와줄 것이다.

이 책이 출판되면서 시작된 여정은, 향후 여러 학문 분야의 연구자들과 협력하여 이 이론을 다듬고 발전시켜 나가는 과정이 될 것이다. 이를 통해 물리학의 기존 패러다임을 넘어서서 새로운 방향을 제시할 수 있을 것이라 확신한다. 이 이론은 단지 책에서 끝나는 것이 아니라, 계속해서 발전하고 수정될 것이다. 새로운 발견과 연구가 추가될 때마다 이 이론은 더욱 정교해지고, 그 가능성은 커질 것이다.

해례이론은 아직 완전한 이론이 아니지만, 이 책을 통해 제시된 질문들이 물리학과 자연철학에 대한 깊은 이해를 가져오는 기회를 제공하기를 바란다. 이 여정은 시작에 불과하며, 앞으로도 많은 연구와 발전이 필요하다. 지금은 미완성된 이론이지만, 언젠가는 새로운 과학적 패러다임을 제시하는 중요한 이론으로 자리 잡기를 바란다.

〈부록〉

해례이론 방정식

$\tau\_B\,\partial\_t\,B = -(\,a_0(B - B\bigstar) - a_1\,|\,\Omega\,|^{2}\,) + \kappa\_B\,\nabla^2\,B$

$R_e(x,t) = \gamma\,\chi\_\Gamma(x)\,[\,|\,\Omega(x,t)\,| - \Omega\_c(B,\rho\_s)\,]_+$

$\partial\_t\,\rho\_s + \nabla\cdot(\rho\_s\,u) = \alpha\,|\,\Omega\,|^{2} + S\_B(B,\nabla B) - \eta\,R_e$

$\kappa = -\nabla\cdot u = \mu\,\nabla^2\,\rho\_s$

방정식 해설

중앙 회전 → 경계 형성 → 전자 출현 → 공간 밀도 변화 → 공간 수렴

1. 중앙회전에 의한 경계 형성

$\tau\_B\,\partial\_t\,B = -(\,a_0(B - B\bigstar) - a_1\,|\,\Omega\,|^{2}\,) + \kappa\_B\,\nabla^2\,B$

– B: 경계(방 구조) 지시 장, B★: 평형 경계값

– a_1〉0일 때 회전 크기 $|\,\Omega\,|$가 커지면 경계가 강화됨

– 물리 의미: 중앙 회전이 강할수록 경계가 더 뚜렷하게 형성됨

2. 회전력에 의한 전자 출현

$R_e(x,t) = \gamma \chi_\Gamma(x) [|\Omega(x,t)| - \Omega\_c(B,\rho\_s)]_+$

- χ_Γ : 경계 근방 지시 함수
- Ω_c : 임계 회전값(경계 상태와 공간밀도에 의해 결정)
- 물리 의미: 경계 부근에서 회전이 임계값을 초과하면 전자가 발생

3. 전자 출현에 따른 공간 밀도 변화

$\partial\_t \rho\_s + \nabla \cdot (\rho\_s u) = \alpha |\Omega|^2 + S\_B(B, \nabla B) - \eta R_e$

- ρ_s : 공간 구조 밀도
- S_B : 경계 형성에 따른 밀도 변화 기여
- 물리 의미: 회전과 경계 형성은 밀도를 증가시키고, 전자 출현은 국소 밀도를 변화·재배치함

4. 공간 수렴 공식

$\kappa = -\nabla \cdot u = \mu \nabla^2 \rho\_s$

- $\kappa > 0$이면 공간이 수렴하는 상태
- 물리 의미: 전자 출현이 만든 밀도 변화가 공간 흐름을 유도하고, 그 결과 수렴이 발생

연결 흐름

$|\Omega| \uparrow \Rightarrow B \uparrow \Rightarrow R_e \uparrow \Rightarrow \rho\_s$ 재배열 $\Rightarrow \kappa \uparrow$

해설 요약

① 회전은 경계 형성을 유도하여 공간을 '방 구조'로 분할
② 경계에서 회전이 임계치를 넘으면 전자가 출현
③ 전자 출현은 공간 구조 밀도를 변동시키고
④ 밀도 변화는 공간 흐름의 발산을 변화시켜 공간 수렴을 발생시킴

이상의 방정식들은 이론에 맞게 정리를 해 보았으나 새로운 연구진의 구성이 있다면 차원 분석표도 작성하고 선형화 분석을 통한 안정성도 연구를 더해야 하며 수치 시뮬레이션을 위한 무차원화도 정교화하는 작업이 필요하다.

The New
Principia

ⓒ 신석우, 2025

초판 1쇄 발행 2025년 10월 9일

지은이	신석우
기획	신민철
펴낸이	이기봉
편집	좋은땅 편집팀
펴낸곳	도서출판 좋은땅
주소	서울특별시 마포구 양화로12길 26 지월드빌딩 (서교동 395-7)
전화	02)374-8616~7
팩스	02)374-8614
이메일	gworldbook@naver.com
홈페이지	www.g-world.co.kr

ISBN   979-11-388-4840-4 (03400)